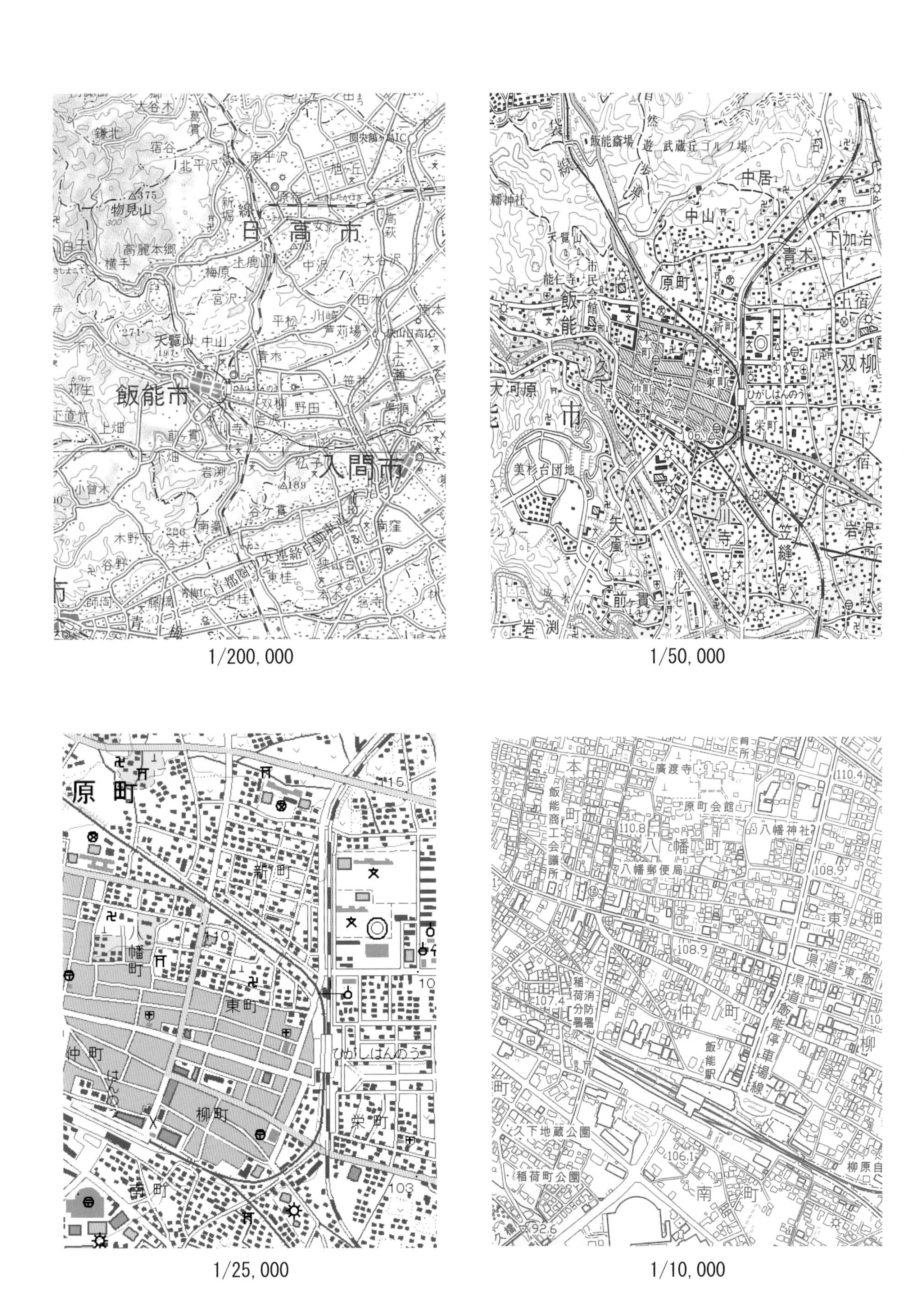

日高市
飯能市
入間市
物見山
高麗本郷
天覧山
1/200,000
飯能
市
原町
中山
青木
下加治
双柳
大河原
美杉台団地
前ケ貫
岩渕
笠縫
岩沢
ひがしはんのう
1/50,000
原町
新町
八幡町
東町
中町
柳町
栄町
南町
ひがしはんのう
1/25,000
本町
廣渡寺
原町会館
八幡神社
八幡町
八幡郵便局
飯能商工会議所
稲荷消防分署
中町
飯能駅
東町
県道東飯能停車場線
久下地蔵公園
稲荷町公園
南町
柳原
1/10,000

縮尺に応じた地図表現

1998年６月 作成 国土地理院

基本測量（都市図）

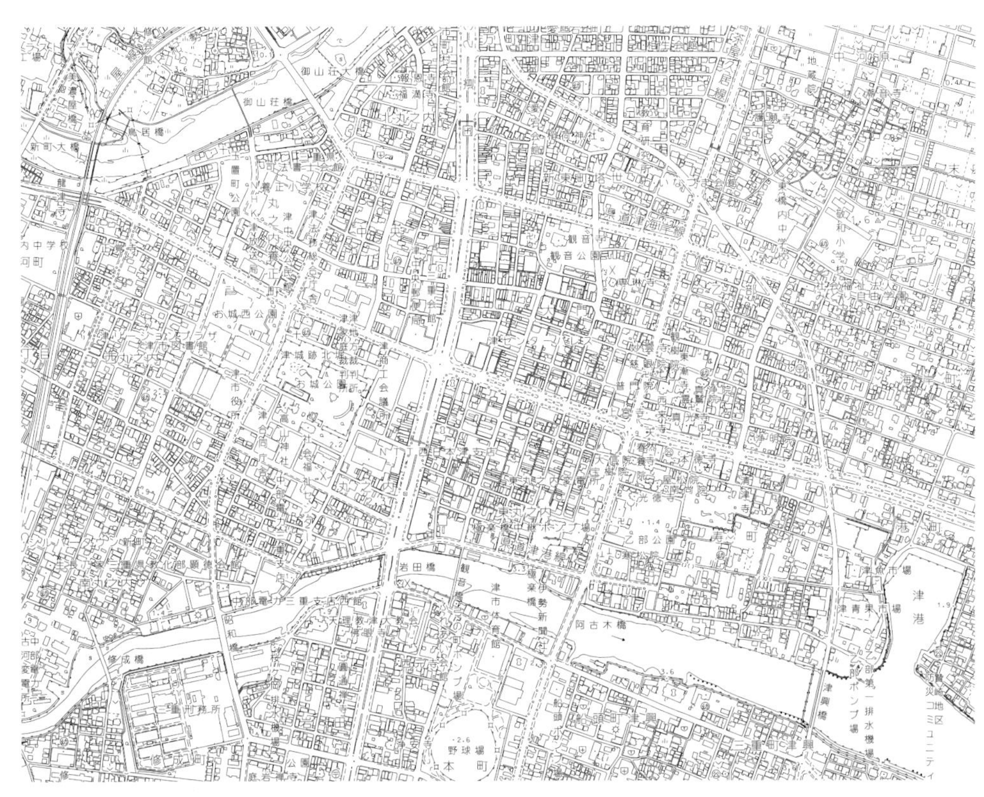

2013年３月 作成
三重県市町総合事務組合管理者提供
（承認番号 三総合地 第67号）

公共測量（管内図）

目的に応じた地図表現（地図縮尺1/10,000）

はじめに

本書は、公共測量として実施される地図情報レベル 10000 の数値地形図データの作成に使用する図式を規定したものであり、地図情報レベル 2500 の数値地形図データから地図編集により作成されることを前提としつつも、空中写真測量により新規に作成する場合にも配慮したものである。

公共測量における数値地形図データの作成は、昭和 63 年（1988 年）に国土地理院によって策定された「ディタルマッピング作業要領・同補則(案)」によって標準化され、これを基に地図情報レベル 2500 及び 5000 の数値地形図データの作成に使用する図式が、同年、国土地理院によって「国土基本図ディジタルマッピング作業要領(案)」として策定された。また、地図情報レベル 500 及び 1000 の数値地形図データの作成に使用する図式が、平成 7 年（1995 年）に「国土交通省公共測量作業規程」の中に規定された。これらは平成 16 年(2004 年)に「拡張ディジタルマッピング実装規約(案)」として統一されるとともに、平成 20 年(2008 年)には全部改正された「作業規程の準則」の中に規定され、現在に至っている。この間、地図情報レベル 10000 の数値地形図データを作成するために使用する図式は、公的に規定されていなかったため、ほとんどの測量会社は、社団法人全国測量業協会（現：一般社団法人全国測量設計業協会連合会）が策定していた「地図縮尺 1/10,000 図式」に、「ディジタルマッピング実装規約(案)」に規定されている地図分類コードや取得基準を割り当てたものを使用していた。

その後、平成 20 年に全部改正された作業規程の準則には、地図情報レベル 10000 数値地形図データを作成するための図式とし、国土地理院の「1 万分 1 地形図図式」が規定された。しかしながら「1 万分 1 地形図図式」は、2 万 5 千分 1 や 5 万分 1 の地形図表現を踏襲する、全国の主要都市の地形図に適用する多色の記号表現の図式で、都市計画区域の用途地域を色分けなどで描く主題図の背景図とし、線画表現の数値地形図データ作成に使用する図式としては利用できず、公共測量では従前どおり社団法人全国測量業協会の「地図縮尺 1/10,000 図式」を基に、測量作業機関が測量計画機関と協議して定めていた。そのため測量計画機関ごとに図式が異なるだけでなく、測量作業機関によって図式が異なった。このように図式を決めるのに時間を要するとともに、図式の変更が数値地形図データの作成や利用に混乱をもたらすこととなった。これは隣接市町村との接合にも及んだ。

このような混乱を解消するために測量成果の第三者検定機関である公益社団法人日本測量協会と測量作業機関の組織である公益財団法人日本測量調査技術協会は、共同で公共測量の標準となる「地図情報レベル 10000 数値地形図図式」を策定し、上梓することとした。

公共測量分野では、平成 20 年(2008 年)の「作業規程の準則」の全部改正によって測量成果が全てデジタル形式になる以前から、測量成果のデジタル化を完遂し、地理空間情報活用推進基本法で謳われている基盤地図情報のように、より小さい地図情報レベルからより大きい地図情報レベル（より大縮尺図から中小縮尺図）へと最先端の技術を駆使して既存の測量成果を活用した効率的かつ統一された測量成果（数値地形図データ）の整備を推進してきた。

本地図情報レベル 10000 数値地形図図式が測量成果（数値地形図データ）、ひいては日本の地理空間情報の基盤となる基盤地図情報の整備を推進する一躍となれば幸いである。

2017 年 12 月吉日

公益社団法人日本測量協会　津留　宏介
公益財団法人日本測量調査技術協会（中日本航空株式会社）　水野　誠司

目　　次

地図情報レベル 10000 数値地形図図式　2017 年

地図と地図編集

地図情報レベル10000数値地形図図式　2017年

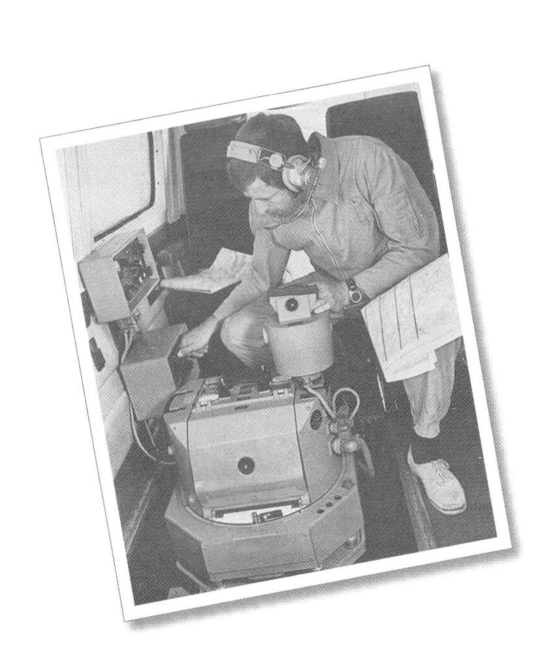

ライカジオシステムズ株式会社 提供

本図式は、公益社団法人日本測量協会及び公益財団法人日本測量調査技術協会により2017年に規定されたものである。

第1章　総　則

第1節　総　則

（目　的）

第1条　この図式は、測量法（昭和24年法律第188号）第5条に定める「公共測量」のうち、地図情報レベル10000数値地形図（以下「地形図」という。）の作成について、取得と表現の仕様に関する原則を定め、規格の統一と読図の便を図ることを目的とする。

（地形図の性格）

第2条　地形図は、都市地域を対象として、その景況を正確かつ縮尺の制約が許す限り詳細に表現し、官公庁、企業、一般市民等多方面の利用に供する一般図とする。主な用途としては、都市の健全な発展と秩序ある整備を図るための都市計画区域を表現する都市計画図の基図として使われる。主な作成方法は、地図情報レベル2500数値地形図（以下「基図データ」という。）からの地図編集によるものとする。

（図式の運用）

第3条　表現する地形・地物の選択及び表現方法の運用は、協議によって決定することができる。

第2節　地形図の規格及び表現基準

（位置の基準）

第4条　位置は、平面直角座標系（平成14年国土交通省告示第9号）に規定する世界測地系に従う直角座標及び測量法施行令（昭和24年政令第322号）第2条第2項に規定する日本水準原点を基準とする高さ（以下「標高」という。）により表示する。

（区画割）

第5条　地形図紙1枚に収める地域は、都市等の形状により区画及び緯線の方向を決定する。

（データファイル仕様）

第6条　地形図を格納するデータファイル仕様は、国土交通省が策定した作業規程の準則に規定されている公共測量標準図式数値地形図データファイル仕様とする。ただし、本図式に規定したものは、本図式の規定に従うものとする。

（精　度）

第7条　地形図の精度は、作成方法に従い次の各号に定めるとおりとする。

一　新規に作成する場合は、次の表に定めるとおりとする。

項　　目	標　準　偏　差
水平位置	7.0m以内
標高点	3.33m以内
等高線	5.0m以内

二　基図データの修正による場合は、次の表に定めるとおりとする。

項　　目	標　準　偏　差
水平位置	10.0m 以内
標高点	5.0m 以内
等高線	5.0m 以内

（対象とする地形・地物）

第8条　地形図に表現する地形・地物は、次の各号のとおりとする。

一　基図データを用いて作成する場合は、基図データに存在するものを対象とする。

二　空中写真測量で作成する場合は、第 2 章に規定する地形・地物を対象とする。

2　空中写真測量で作成する場合は、作成時に現存し、永続性のあるものを対象とする。ただし、次の各号に掲げる地形・地物は、表現することができる。

一　建設中のものは、おおむね 1 年以内に完成する見込みがあり、かつ表現が可能なもの

二　永続性のないものでも特に必要と認められるもの

3　表現しないと地形図の表現上著しい不合理を生じるもの又は特に地域の特色等を表現するために必要があるものについては、表示することができる。

（地図編集）

第9条　地形・地物の地図編集は、地形・地物の形状が地図縮尺 1/10,000 で印刷した際に適切に読図できるように正確詳細に上方からの正射（以下「正射影」という。）で表現することを原則とする。

2　正確詳細な正射影により、その地形・地物の特徴的な形状が失われる場合は、多少の修飾を行って現況を理解しやすいようにする。

3　正射影で表現することが困難なものについては、その位置に定められた記号で表示する。

（地図表現）

第10条　地形・地物の地図表現は、その分類により定められた地図記号の様式により表現する。

2　地図記号の様式のないもので、特に表現する必要がある対象は、その位置を指示する点（以下「指示点」という。）を付して、名称、種類等を文字により注記する。

（取捨選択）

第11条　地形・地物は、地図縮尺 1/10,000 で印刷した際に適切に読図できるように取捨選択する。

2　取捨選択にあたっては、対象の重要度とその形態をよく考察し、重要度の高い地形・地物を省略することがないようにする。

（総合描示）

第12条　地形・地物が、地図縮尺 1/10,000 で印刷した際に適切に読図できない場合は、近接する同一の地形・地物と総合描示する。

2　総合描示にあたっては、対象の重要度とその形態をよく考察し、その特徴を強調できるようにする。

（重複・交差・並列）

第13条　地図記号が重複、交差及び並列する場合は、特に定めるものを除き、次の各号による。

一　同一線種の地形・地物が重複又は交差する場合は、それぞれ重ねて表現することを原則とする。
二　同一線種の地形・地物が立体関係にある場合は、下方の記号は間断区分を設定して非表示とする。
三　同一記号の地形・地物が近接して並列する場合は、離して表現することができる。
四　注記と記号がやむを得ず重複する場合で、著しく注記の判読が困難な場合には、その部分の記号は表現しない。
五　注記及び記号が正射影で表現される地形・地物と重複する場合には、注記及び記号の周囲に微量の白部をおく。

（転　位）
第14条　地形・地物が、他の地形・地物と近接し、地図縮尺1/10,000で印刷した際に読図が困難になる場合は、周辺の景況を損なわないように、図上0.7mmを限度として転位させることができる。

（線の区分）
第15条　地形図に表示する線の区分は、次の表に定めるとおりとする。

線　　号	線の太さ
1号	0.05 ㎜
2号	0.10 ㎜
3号	0.15 ㎜
4号	0.20 ㎜
5号	0.25 ㎜
6号	0.30 ㎜
7号	0.35 ㎜
8号	0.40 ㎜
10号	0.50 ㎜

2　線の太さの許容範囲は、±0.025㎜とする。

（地図記号）
第16条　地図記号は、平面記号、側面記号、方向記号の3つに分類する。
一　平面記号は、一定の範囲を示すための記号で、中心を原点とする。
二　側面記号は、地物の形状を立体的に表現するための記号で、根本の中心を原点とする。
三　方向記号は、特定の方向を示すための記号で、記号の中心を原点とすることを原則とし、方向を示す座標を合わせ持つ。

（平面記号の表示）
第17条　平面記号の配置は、次の各号による。
一　構造物を示す平面記号は、構造物の正射影の中心に表示する。
二　土地利用等を示す平面記号は、別に定める場合を除き、図上で3.0mm×3.0mm相当以上の面積が一つの土地利用景の単位となる場合に表示する。
三　平面記号を当該構造物内に表示することが困難な場合は、当該構造物の上、下、右、左の順で、他の地形・地物を最も損なわない位置に表示する。

（地図記号及び文字の大きさ）

第18条　地形・地物を表現する地図記号及び説明する注記文字は、景況に応じて図上±0.2mm まで縮小拡大できるものとする。

（注記の表示）

第19条　注記の表示は、次の各号による。

一　地形・地物の形状や大きさによって配置する。

二　数値地形図データと地形図原図での表現は一致させる。

（指示点）

第20条　指示点は、次の各号に適用する。

一　建物内に表現できない建物記号

二　注記を表示する必要のある対象物の地点

2　当該対象物の区域が明瞭な場合は、指示点を省略する。

（数値地形図データファイル）

第21条　数値地形図データファイルは、作業規程の準則の付録 7 公共測量標準図式に規定された数値地形図データファイル仕様に基づくことを原則とし、次の各号については本規定に従うことを原則とする。

一　座標の単位は、センチメートルとする。

二　図郭識別番号は、上、左を優先して記述する。

三　データファイルの座標原点は（0,0）とし、図郭の左下を標準とする。

四　データタイプは、地図編集による場合は基図データでの区分を継承する。

五　注記は、第 3 章注記で規定した表現による。

六　ファイル名は、図郭識別番号と同じであることを原則とする。

七　要素数及び要素識別番号が所定の桁数を超えた場合は、0 から振り直すものとする。

第2章　地図記号

第1節　通　則

（地図記号）

第22条　地図記号とは、対象物を地形図上に表現するために規定した記号をいい、境界等、交通施設、建物等、小物体、水部等、土地利用等及び地形等に区分する。

第2節　境界等

（境界等）

第23条　境界等は、境界及び所属界に区分する。

（境　界）

第24条　境界とは、行政区画の境をいい、都府県界、北海道の支庁界、郡市・東京都の区界、町村・指定都市の区界及び大字・町・丁目界に区分して表示する。

（所属界）

第25条　所属界とは、島等の所属を示す線をいい、用図上必要がある場合に表示する。

（未定境界）

第26条　未定境界とは、第24条に規定するもののうち、都府県界、北海道の支庁界、郡市・東京都の区界及び町村・指定都市の区界で未定であることが明らかな境界をいい、関係市町村間で意見の相違がある境界を含む。

2　未定境界は、間断区分を非表示に設定し、地形図には表示しない。

第3節　交通施設

（交通施設）

第27条　交通施設は、道路、道路施設、鉄道及び鉄道施設に区分する。

（道　路）

第28条　道路とは、一般交通の用に供する道路及び私有道路をいい、道路縁（街区線）、軽車道、徒歩道、庭園路等、トンネル内の道路及び建設中の道路に区分して表示する。

2　道路縁（街区線）、庭園路等、トンネル内の道路及び建設中の道路は、その正射影を表示し、軽車道及び徒歩道は、正射影の中心線と記号の中心線を一致させて表示する。

（道路施設）

第29条　道路施設とは、道路と一体となってその効用を全うする施設をいう。

（鉄　道）

第30条　鉄道とは、鉄道事業法及び軌道法に基づいて敷設された軌道等をいい、普通鉄道、路面鉄道、特殊鉄道、索道、建設中の鉄道及びトンネル内の鉄道等に区分して表示する。

2　鉄道は、軌道間の正射影の中心線と記号の中心線を一致させて表示する。

（鉄道施設）

第31条　鉄道施設とは、鉄道と一体となってその効用を全うする施設をいう。

第４節　建物等

（建物等）

第32条　建物等は、建物及び建物記号に区分する。

（建　物）

第33条　建物とは、居住その他の目的をもって構築された建築物をいい、普通建物、堅ろう建物、普通無壁舎及び堅ろう無壁舎に区分して表示する。

2　建物は、射影の短辺が図上 0.4mm 以上のものについて、その外周の正射影を表示することを原則とする。

（建物記号）

第34条　建物記号とは、建物の機能を明らかにするために定めた記号をいう。

2　特定の用途あるいは、機能を明らかにする必要のある建物には、注記することを原則とする。

3　建物規模が小さいもの及び市街地等の建物の錯雑する地域において、注記により重要な地物と重複するおそれのある場合には、定められた記号によって表示する。

4　大きな建物の一部にある郵便局、銀行等のうち、好目標となるもので必要と認められるものは、指示点を付して表示する。

5　建物記号の表示位置等は、次による。

一　建物の内部に表示できる場合は、中央に表示する。

二　建物の内部に表示できない場合は、指示点を付しその上方に表示することを原則とし、表示位置の地形及び地物を陰線することが適当でない場合は、その景況に従い適宜の位置に表示することができる。

第５節　小物体

（小物体）

第35条　小物体とは、形状が一般に小さく、定められた記号によらなければ表示できない工作物をいう。

2　小物体は、原則として好目標となるもので、地点の識別と指示のために必要なもの及び歴史的・学術的に著名なものを表示する。

3　小物体の記号は、特に指定するものを除き、その記号の中心点又は中心線が当該小物体の真位置にあるように表示する。

4　定められた記号のない小物体は、その位置に指示点を付し、これにその名称又は種類を示す注記を添えて表示する。

第６節　水部等

（水部等）

第36条　水部等は、水部及び水部に関する構造物等に区分する。

（水　部）

第37条　水部は、水涯線（河川、湖池等及び海岸線）、一条河川及びかれ川に区分して表示し、湖池記号を含む。

（水部に関する構造物等）

第38条　水部に関する構造物等とは、水涯線に付属するダム、せき、水門、防波堤等の構造物をいい、渡船発着所、滝、流水方向を含む。

第７節　土地利用等

（土地利用等）

第39条　土地利用等は、法面、構囲、諸地、場地及び植生に区分する。

（法　面）

第40条　法面とは、切土あるいは盛土によって人工的に作られた斜面の部分に区分して表示する。

（構　囲）

第41条　構囲とは、建物及び敷地等の周辺を区画する囲壁の類に区分して表示する。

（諸　地）

第42条　諸地とは、集落に属する区域の中で、建物以外の土地をいい、駐車場、園庭、墓地、材料置場及び太陽光発電設備に区分して表示し、区域界を含む。

２　区域界とは、諸地及び場地等のうち特に他の区域と区分する必要のある場合で、その区域が地物縁で表示できない場合に適用する。

３　建設中の区域は、区域界で表示する。

（場　地）

第43条　場地とは、読図上、他の区域と区別する必要のある温泉、鉱泉、公園、牧場、運動場、飛行場等の区域をいう。

２　場地は、その状況に応じて区域界及び場地記号又は注記により表示する。

３　場地記号は、区域のおおむね中央に表示するのを原則とする。ただし、特に指定する主要な箇所がある場合には、その位置に表示する。

（植　生）

第44条　植生とは、地表面の植物の種類及びその覆われている状態をいい、植生界、耕地界及び植生記号により表示する。

2　植生の表示は、その地域の周縁を植生界等で囲み、その内部にそれぞれの植生記号を表示する。

3　既耕地の植生記号は、植生界、耕地界及び地物で囲まれる区域の中央部に一個表示する。ただし、一個では植生の現況が明示できない場合にはその景況に応じて意匠的に表示することができる。

4　未耕地の植生記号は、図上 4cm×4cm におおむね 2～4 個をその景況に応じて意匠的に表示する。

第８節　地形等

（地形等）

第45条　地形等とは、地表の起伏の状態をいい、等高線、変形地及び基準点に区分する。

2　地形の起伏は等高線によって表示することを原則とし、等高線による表現が困難又は不適当な地形は変形地の記号を用いて表示する。

（等高線）

第46条　等高線は、計曲線、主曲線、補助曲線及びそれらの凹地曲線に区分して表示する。

2　等高線には、属性数値に等高線数値を格納する。

（変形地）

第47条　変形地とは、自然によって作られた地表の起伏の状態をいい、土がけ、雨裂、洞口、岩がけ、露岩、散岩及びさんご礁に区分して表示する。

（基準点）

第48条　基準点は、電子基準点、三角点、水準点、多角点等、公共基準点（三角点）、公共基準点（水準点）、標石を有しない標高点及び図化機測定による標高点に区分して表示する。

2　標高数値の表示は、水準点及び公共基準点（水準点）は、小数点以下第 2 位までとし、電子基準点、三角点、多角点等、公共基準点（三角点）、標石を有しない標高点及び図化機測定による標高点は、小数点以下第 1 位までとする。

3　標高数値は、属性数値に小数点以下 3 位まで格納するものとし、有効桁数以下の位には 0 を与えるものとする。

4　基準点の表示密度は、等高線数値を含めて図上 10cm×10cm に 10 点を標準とする。

第９節　地図記号の様式

（地図記号の配置）

第49条　地図記号の配置は、次の図例に従って表示する。

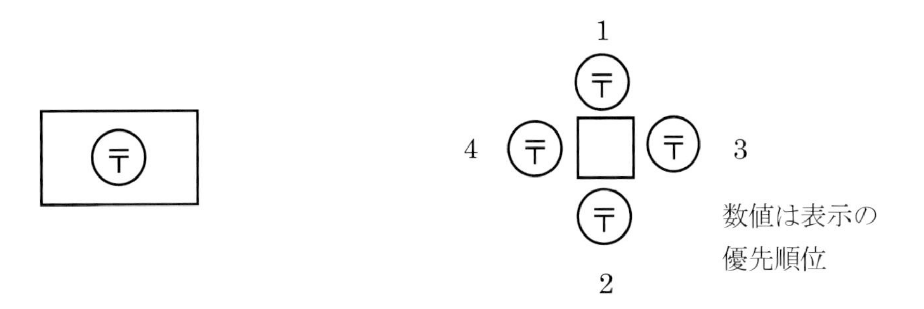

内部に表示できる場合　　内部に表示できない場合

2　内部に表示できない地図記号の指示が不明確になる場合は、当該地物中央に指示点を表示する。

（地図記号の様式）

第50条　地図記号の様式及び適用は、次の表による。

大分類	分類	分類コード		名称
境界等	境界	11	01	都府県界
			02	北海道の支庁界
			03	郡市・東京都の区界
			04	町村・指定都市の区界
			06	大字・町・丁目界
	所属界		10	所属界
交通施設	道路	21	01	道路縁(街区線)
			02	軽車道
			03	徒歩道
			06	庭園路等
			07	トンネル内の道路
			09	建設中の道路
	道路施設	22	03	道路橋（高架部)
			05	徒橋
			11	横断歩道橋
			13	歩道
			14	石段
			15	地下街・地下鉄等出入口
			19	道路のトンネル
			26	分 離 帯
			28	道路の雪覆い等
			38	並木
	鉄道	23	01	普通鉄道
			03	路面鉄道
			05	特殊鉄道
			06	索道
			09	建設中の鉄道
			11	トンネル内の鉄道普通鉄道
			13	トンネル内の鉄道路面鉄道
			15	トンネル内の鉄道特殊鉄道
交通施設	鉄道施設	24	01	鉄道橋（高架部)
			11	跨線橋
			19	鉄道のトンネル
			21	停留所
			24	プラットホーム
			28	鉄道の雪覆い等
			30	地下の駅
建物等	建物	30	01	普通建物
			02	堅ろう建物
			03	普通無壁舎
			04	堅ろう無壁舎
	建物記号	35	03	官公署
			04	裁判所
			05	検察庁
			07	税務署
			09	郵便局
			10	森林管理署
			15	交番
			16	消防署
			17	職業安定所（ハローワーク)
			19	役場支所及び出張所
			21	神社
			22	寺院
			23	キリスト教会

大分類	分類	分類コード		名称
建物等	建物記号	35	24	学校
			25	幼稚園・保育園
			26	公会堂・公民館
			30	老人ホーム
			31	保健所
			32	病院
			34	銀行
			36	協同組合
			45	倉庫
			46	火薬庫
			48	工場
			50	変電所
			56	揚・排水機場
			60	ガソリンスタンド
小物体	その他の小物体	42	01	墓碑
			02	記念碑
			03	立像
			07	鳥居
			19	坑口
			21	独立樹（広葉樹)
			22	独立樹（針葉樹)
			25	油井・ガス井
			28	起重機
			31	タンク
			34	煙突
			35	高塔
			36	電波塔
			39	風車
			41	灯台
			43	灯標
			51	水位観測所
			61	輸送管(地上)
			62	輸送管(空間)
			65	送電線
水部等	水部	51	01	水涯線(河川)（湖池等)（海岸線)
			02	一条河川
			－	かれ川
			05	湖池
	水部に関する構造物	52	－	桟橋（鉄・コンクリート)
			03	桟橋（木製・浮桟橋)
			－	防波堤
			21	渡船発着所
			－	ダム
			26	滝
			27	せき
			28	水門
			－	不透過水制
			32	透過水制
			39	敷石斜坂
			41	流水方向
土地利用等	法面・構囲	61	01	人工斜面
			02	土堤
			10	被覆
			30	かき
			40	へい

大分類	分類	分類コード		名称
土地利用等	諸地・場地	62	01	区域界
			12	駐車場
			14	園庭
			-	墓地
			16	材料置場
			17	太陽光発電設備
			21	噴火口・噴気口
			22	温泉・鉱泉
	植生	63	01	植生界
			02	耕地界
			11	田
			13	畑
			14	さとうきび畑
			15	パイナップル畑
			17	桑畑
			18	茶畑
			19	果樹園
			21	その他の樹木畑
			23	芝地
			31	広葉樹林
			32	針葉樹林
			33	竹林
			34	荒地
			35	はい松地
			36	しの地(笹地)
			37	やし科樹林
			38	湿地
			40	砂れき地
地形等	等高線	71	01	等高線(計曲線)
			02	等高線(主曲線)
			03	等高線(補助曲線)
			05	凹地(計曲線)
			06	凹地(主曲線)
			07	凹地(補助曲線)
			99	凹地(矢印)
	変形地	72	01	土がけ (崩土)
			02	雨裂
			06	洞口
			11	岩がけ
			12	露岩
			13	散岩
			14	さんご礁
	基準点	73	01	三角点
			02	水準点
			03	多角点等
			04	公共基準点(三角点)
			05	公共基準点(水準点)
			08	電子基準点
			11	標石を有しない標高点
			12	図化機測定による標高点
-	-	81	99	指示点

大分類	分類	分類コード レイヤ	分類コード データ項目	名称	図式（数値：図上mm）	取得方法・原点位置（方向有り：→　原点記号：・）
境界等	境界	11	01	都府県界	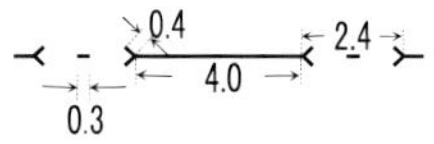 0.4　2.4　4.0　0.3	境界の位置と一致する
			02	北海道の支庁界	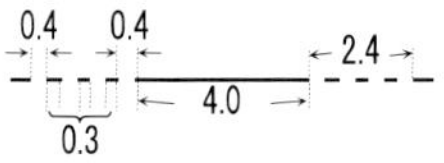 0.4　0.4　2.4　4.0　0.3	境界の位置と一致する
			03	郡市・東京都の区界	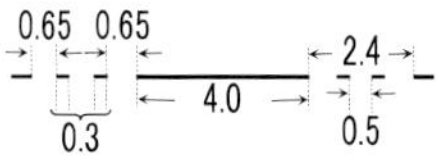 0.65　0.65　2.4　4.0　0.3　0.5	境界の位置と一致する
			04	町村・指定都市の区界	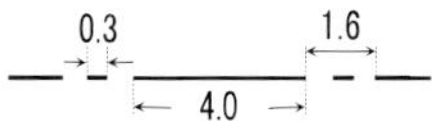 0.3　1.6　4.0	境界の位置と一致する
			06	大字・町・丁目界	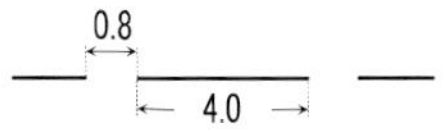 0.8　4.0	境界の位置と一致する
	所属界		10	所属界	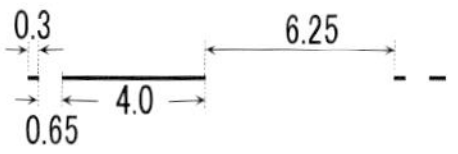 0.3　6.25　4.0　0.65	境界の位置と一致する
交通施設	道路	21	01	道路縁（街区線）	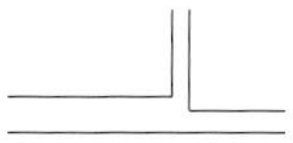	道路縁線を取得する
			02	軽車道	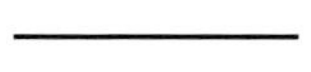	中心線を取得する
			03	徒歩道	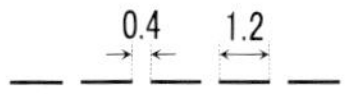 0.4　1.2	中心線を取得する
			06	庭園路等	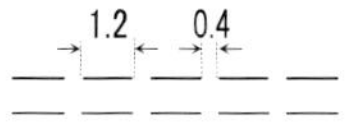 1.2　0.4	道路縁線を取得する
			07	トンネル内の道路	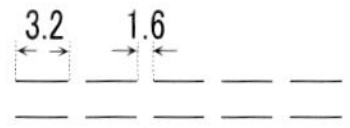 3.2　1.6	道路縁線を取得する（終端は原則として閉じない）
			09	建設中の道路	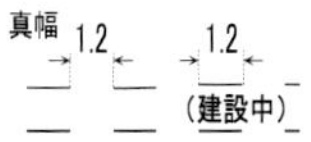 真幅　1.2　1.2　（建設中）	道路縁線を取得する（終端は原則として閉じない）

図形区分	タイプ（レコードデータ）	方向	属性数値	線号	端点一致	適用
0	線(E2)	−	−	6	○	「境界」とは、地方自治法に定める行政区画等の境をいい、都府県界、北海道の支庁界、郡市・東京都の区界、町村・指定都市の区界及び大字・町・丁目界に区分して表示する。 なお、北海道の支庁界は、北海道総合振興局及び振興局の設置に関する条例（平成20年北海道条例第78号）並びに北海道行政組織規則（昭和41年北海道規則第21号）による所管区域を併せた界をいう。
0	線(E2)	−	−	6	○	
0	線(E2)	−	−	6	○	
0	線(E2)	−	−	6	○	
0	線(E2)	−	−	4	○	
0	線(E2)	−	−	4	○	「所属界」とは、海域又は行政界未定の湖沼内において、市町村への島等の所属を示す境界線をいう。
0	線(E2)	−	−	2	○	1.「道路」とは、自動車等の交通のために設けた地上の通路をいい、トンネル、橋等の道路に付属する施設を含む。 2.「道路縁（街区線）」とは、幅員（路肩から路肩まで）を縮尺化して表示する道路をいう。
0	線(E2)	−	−	4	○	「軽車道」とは、幅員が3.0m未満の道路をいう。
0	線(E2)	−	−	6	○	「徒歩道」とは、幅員が1.5m未満の軽車道及び庭園路に属さない道路のうち、次のいずれかを満たすものに適用する。 （1）登山、観光、レクリエーション等のため頻繁に利用される道路 （2）2つ以上の居住地を連絡する道路 （3）主要な道路を結ぶ山地の道路 （4）著名な地点に通じる道路 （5）その他の重要度の高い道路
0	線(E2)	−	−	2	○	「庭園路等」とは、幅員が3.0m以上の道路のうち、次のいずれかを満たすものに適用する。 （1）公園、神社、学校、工場等の敷地内道路 （2）自動車の通行を規制している住宅団地内の道路、歩行者・自転車専用道路 （3）参道等の歩行者・自転車専用道路 （4）飛行場の滑走路
0	線(E2)	−	−	2	○	「トンネル内の道路」とは、道路の地下部をいい、その経路（道路縁）を表示する。
0	線(E2)	−	−	2	○	「建設中の道路」とは、現在建設中で、完成まで1年以上を要する幅員3.0m以上の道路をいう。

大分類	分類	分類コード		名称	図式（数値：図上mm）	取得方法・原点位置（方向有り：→　原点記号：・）
		レイヤ	データ項目			
交通施設	道路施設	22	03	道路橋（高架部）	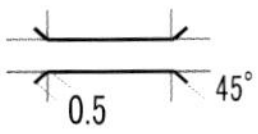 0.5　45°	縁線を取得する 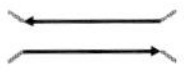 ひ開部は自動発生して表示する
			05	徒橋	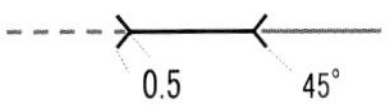 0.5　45°	中心線を取得する  ひ開部は自動発生して表示する
			11	横断歩道橋	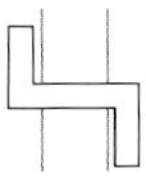	外周を取得する（始終点座標一致） 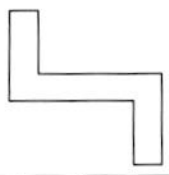
			13	歩道	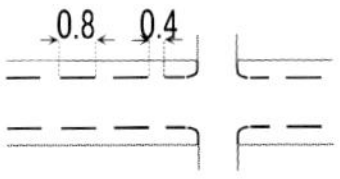 0.8　0.4	車道との界線を取得する 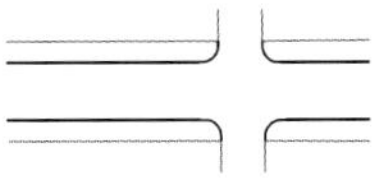
			14	石段	段部線間隔　0.4	縁線を取得する （段部は取得しないで石段の上端・下端は閉じない）
						石段(上端線)
						石段(下端線)
						段部線
			15	地下街・地下鉄等出入口	0.4　0.4　2.4　極小	外周を取得する（始終点座標一致）
						段部線（入口から3段取得）

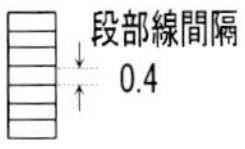

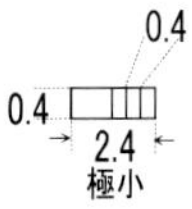

図形区分	タイプ（レコードデータ）	方向	属性数値	線号	端点一致	適用
0	線(E2)	有	－	4	－	「道路橋(高架部)」とは、次のいずれかを満たす道路橋に適用する。 (1)河川等にかかる橋 (2)立体交差部 (3)高架部
0	線(E2)	－	－	4	○	「徒橋」とは、軽車道及び徒歩道における橋をいい、次の場合に適用する。 (1)河川等にかかる橋 (2)立体交差部 (3)高架部
0	面(E1)	－	－	2	－	「横断歩道橋」とは、人及び自転車等が道路又は鉄道を横断するために構築された橋に適用する。
0	線(E2)	－	－	2	○	1.「歩道」とは、歩行者の通行に用いる縁石やさく等で区画された部分及び道路の一部に設けられた自転車専用道路又は歩道に適用する。 2. 歩道の末端は、現況により閉塞する。
0 11 12 99	線(E2)	－	－	3	－	1.「石段」とは、交通を目的として傾斜地に設置された階段状の構造物を表示する。 2. 競技場等で屋根のない階段状の観覧席等の表現にも適用する。
0 99	面(E1) 線(E2)	－	－	3	－	1.「地下街・地下鉄等出入口」とは、地下街、地下鉄等の地下通路への出入口をいい、外周の正射影を表示し、階段部として3段表示する。 2. 建物の内部に設けられている地下街・地下鉄等出入口は表示しない。

大分類	分類	分類コード レイヤ	分類コード データ項目	名称	図式（数値：図上mm）	取得方法・原点位置（方向有り：→　原点記号：・）
交通施設	道路施設	22	19	道路のトンネル	真形　極小 1/3円　1.2	真形　坑口部分の外周を取得する（始終点座標一致）
						真形　坑口部分の外周を取得する
						極小　記号表示位置の点と方向を取得する　x　y
			26	分離帯		外周を取得する（始終点座標一致）
						中心線を取得する
			28	道路の雪覆い等	0.4　0.8	外周を取得する（始終点座標一致）
			38	並木	0.4	記号表示位置の点情報を取得する
	鉄道	23	01	普通鉄道		中心線を取得する
			03	路面鉄道		中心線を取得する
			05	特殊鉄道	4.0　0.25	中心線を取得する
			06	索道	0.4　8.0　0.65	中心線を取得する
			09	建設中の鉄道	真幅　1.2　1.2　（建設中）	外周を取得する
			11	トンネル内の鉄道 普通鉄道	3.2　1.6	中心線を取得する

図形区分	タイプ（レコードデータ）	方向	属性数値	線号	端点一致	適用
0	面(E1)	－	－	2	－	「道路のトンネル」とは、道路の地下部への出入口を表示する。
	線(E2)					
	方向(E6)	有		4		
0	面(E1)	－	－	2	－	「分離帯」とは、次のものを表示する。 （1）ロータリーの中央島、駅前広場等における緑地 （2）道路を上下線に分ける構造物
	線(E2)					
0	面(E1)	－	－	3	－	「道路の雪覆い等」とは、雪崩、落石等を防ぐために道路上に設置されたもので、主要なものを表示する。
0	点(E5)	－	－	2	－	「並木」とは、道路等に沿って整然と植樹された樹木等をいい、記号を意匠的に配置して表示する。
0	線(E2)	－	－	5	○	「普通鉄道」とは、鉄道事業法(昭和61年法律第92号)による鉄道又は軌道法(大正10年法律第76号)による軌道をいい、地下鉄地上部も含む。
0	線(E2)	－	－	4	－	「路面鉄道」とは、道路上に線路を敷設した鉄道で、主として路面上から直接乗降できる車両が運行される鉄道をいう。
0	線(E2)	－	－	4	－	「特殊鉄道」とは、次に掲げる鋼索鉄道、普通鉄道と接続しない専用軌道をいう。 （1）モノレール・鋼索鉄道 （2）普通鉄道と接続しない工場等特定の地区内の軌道 （3）採鉱（石）地と工場等を結ぶ専用軌道
0	線(E2)	－	－	2	－	「索道」とは、空中ケーブル、スキーリフト、ベルトコンベヤー及びこれらに類するもののうち、恒久的かつ用途上重要なものを表示する。
0	線(E2)	－	－	2	－	「建設中の鉄道」とは、次に掲げる軌道等の施設について、鉄道敷の周縁を表示し、工事区間の中央部又は端末に（建設中）の説明注記を添えて表示する。 （1）現に建設中でその経路が明らかな鉄道 （2）現に建設中で完成まで1年以上を要する鉄道 （3）一時的に運行を休止している鉄道
0	線(E2)	－	－	5	－	「トンネル内の鉄道 普通鉄道」とは、普通鉄道及び地下鉄の地下部をいい、経路はその概形を表示する。

大分類	分類	分類コード		名称	図式（数値：図上mm）	取得方法・原点位置（方向有り：→　原点記号：・）
		レイヤ	データ項目			
交通施設	鉄道	23	13	トンネル内の鉄道 路面鉄道	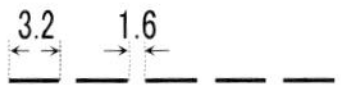 3.2　1.6	中心線を取得する
			15	トンネル内の鉄道 特殊鉄道	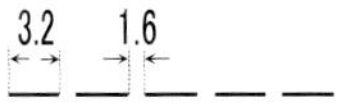 3.2　1.6	中心線を取得する
	鉄道施設	24	01	鉄道橋（高架部）	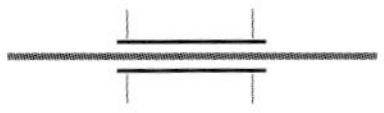	縁線を取得する
			11	跨線橋		外周を取得する（始終点座標一致）
			19	鉄道のトンネル	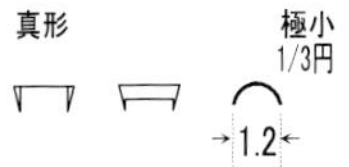 真形　極小 1/3円　1.2	真形　坑口部分の外周を取得する（始終点座標一致） 
						真形　坑口部分の外周を取得する 
						極小　記号表示位置の点と方向を取得する 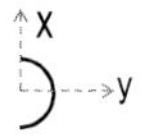　x　y
			21	停留所	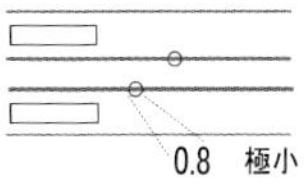 0.8　極小	真形　外周を取得する（始終点座標一致） 
						記号表示位置の点情報を取得する
			24	プラットホーム	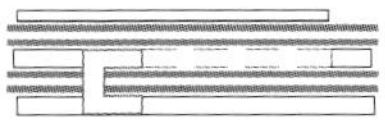	外周を取得する（始終点座標一致） 
			28	鉄道の雪覆い等	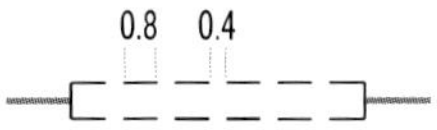 0.8　0.4	外周を取得する（始終点座標一致） 
			30	地下の駅	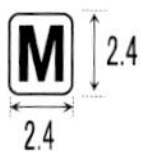 M　2.4　2.4	記号表示位置の点情報を取得する 　M
建物等	建物	30	01	普通建物	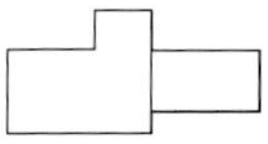	外形　外周を取得する（始終点座標一致） 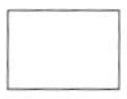
					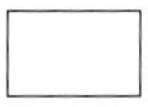	中庭線　外周を取得する（始終点座標一致） 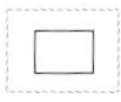

<table>
<tr><th>図形区分</th><th>タイプ（レコードデータ）</th><th>方向</th><th>属性数値</th><th>線号</th><th>端点一致</th><th>適用</th></tr>
<tr><td>0</td><td>線(E2)</td><td>–</td><td>–</td><td>4</td><td>–</td><td>「トンネル内の鉄道 路面鉄道」とは、路面鉄道の地下部をいい、経路はその概形を表示する。</td></tr>
<tr><td>0</td><td>線(E2)</td><td>–</td><td>–</td><td>4</td><td>–</td><td>「トンネル内の鉄道 特殊鉄道」とは、特殊鉄道の地下部をいい、経路はその概形を表示する。</td></tr>
<tr><td>0</td><td>線(E2)</td><td>–</td><td>–</td><td>4</td><td>–</td><td>「鉄道橋（高架部）」とは、河川等にかかる橋、立体交差部及び高架部を表示する。</td></tr>
<tr><td>0</td><td>面(E1)</td><td>–</td><td>–</td><td>2</td><td>–</td><td>「跨線橋」とは、駅構内の鉄道を横断するために構築された橋を表示する。</td></tr>
<tr><td rowspan="3">0</td><td>面(E1)</td><td rowspan="2">–</td><td rowspan="3">–</td><td rowspan="2">2</td><td rowspan="3">–</td><td rowspan="3">「鉄道のトンネル」とは、鉄道の地下部への出入口を表示する。</td></tr>
<tr><td>線(E2)</td></tr>
<tr><td>方向(E6)</td><td>有</td><td>4</td></tr>
<tr><td rowspan="2">0</td><td>面(E1)</td><td rowspan="2">–</td><td rowspan="2">–</td><td rowspan="2">2</td><td rowspan="2">–</td><td rowspan="2">「停留所」とは、路面鉄道の駅をいう。</td></tr>
<tr><td>点(E5)</td></tr>
<tr><td>0</td><td>面(E1)</td><td>–</td><td>–</td><td>2</td><td>–</td><td>1.「プラットホーム」とは、駅構内で乗降用に足場を高くした構造物をいう。
2. プラットホームの上屋は、普通無壁舎(図式分類コード30-03)の記号を適用する。</td></tr>
<tr><td>0</td><td>面(E1)</td><td>–</td><td>–</td><td>4</td><td>–</td><td>「鉄道の雪覆い等」とは、雪崩、落石等を防ぐために鉄道上に設置されたものを表示する。</td></tr>
<tr><td>0</td><td>点(E5)</td><td>–</td><td>–</td><td>3</td><td>–</td><td>1.「地下の駅」とは、地下鉄及び地下式鉄道並びにトンネル内に存在する旅客駅、簡易旅客駅、臨時旅客駅、貨物駅等を表示する。
2. 指示点の対象が複数の場合は、代表点を選定し注記と併記する。</td></tr>
<tr><td>0</td><td rowspan="2">面(E1)</td><td rowspan="2">–</td><td rowspan="2">–</td><td rowspan="2">2</td><td rowspan="2">–</td><td rowspan="2">「普通建物」とは、3階未満の建物及び3階以上の木造等で建築された建物をいう。</td></tr>
<tr><td>31</td></tr>
</table>

大分類	分類	分類コード		名　称	図　式 （数値：図上 mm）	取得方法・原点位置 （方向有り：→　原点記号：・）
		レイヤ	データ項目			
建物等	建物	30	02	堅ろう建物	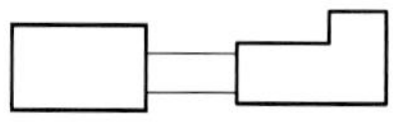	外形　外周を取得する（始終点座標一致）  中庭線　外周を取得する（始終点座標一致） 
			03	普通無壁舎	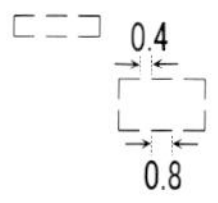 0.4 0.8	外形　外周を取得する（始終点座標一致）  中庭線　外周を取得する（始終点座標一致）
			04	堅ろう無壁舎	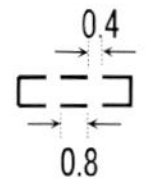 0.4 0.8	外形　外周を取得する（始終点座標一致）  中庭線　外周を取得する（始終点座標一致） 
	建物記号	35	03	官公署	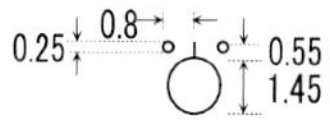 0.25 0.8 0.55 1.45	記号表示位置の点情報を取得する 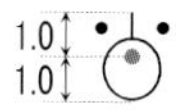 1.0 1.0
			04	裁判所	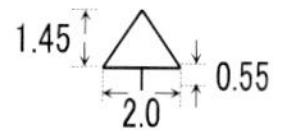 1.45 0.55 2.0	記号表示位置の点情報を取得する 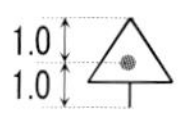 1.0 1.0
			05	検察庁	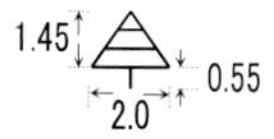 1.45 0.55 2.0	記号表示位置の点情報を取得する 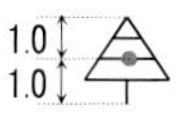 1.0 1.0
			07	税務署	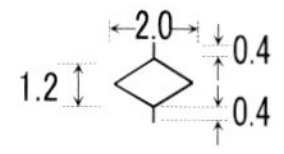 2.0 0.4 1.2 0.4	記号表示位置の点情報を取得する 
			09	郵便局	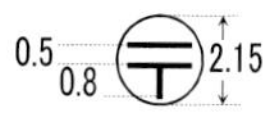 0.5 0.8 2.15	記号表示位置の点情報を取得する 

図形区分	データタイプ（レコード）	方向	属性数値	線号	端点一致	適用
0 31	面(E1)	−	−	4	−	「堅ろう建物」とは、鉄筋コンクリート等で建築された建物で、地上3階以上又は3階相当以上の高さのものやスタンドを備えた競技場をいう。
0 31	面(E1)	−	−	2	−	「普通無壁舎」とは、側壁のない建物、温室及び工場内の建物類似の構築物で、3階未満のものをいう。
0 31	面(E1)	−	−	4	−	「堅ろう無壁舎」とは、鉄筋コンクリート等で建築された側壁のない建物及び建物類似の構築物で、地上3階以上又は3階相当以上の高さのものをいう。
0	点(E5)	−	−	3	−	1.「官公署」とは、国の機関（公社、団体を除く）のうち、特に副記号が定められていない官署を表示し、それらに所属する施設（博物館、美術館、体育館、工場等）には適用しない。 2. 特に重要な官公署は記号にかえて注記することができる。 3. 市街地等において重要な地物を抹消するおそれがある場合は、省略することができる。
0	点(E5)	−	−	3	−	1.「裁判所」とは、裁判所法（昭和22年法律第59号）第2条第1項に規定する下級裁判所を表示する。 2. 最高裁判所は注記する。 3. 特に重要な裁判所は記号にかえて注記することができる。 4. 市街地等において重要な地物を抹消するおそれがある場合は、省略することができる。
0	点(E5)	−	−	3	−	1.「検察庁」とは、検察庁法（昭和22年法律第61号）第1条第1項に規定する検察庁を表示する。 2. 特に重要な検察庁は記号にかえて注記することができる。 3. 市街地等において重要な地物を抹消するおそれがある場合は、省略することができる。
0	点(E5)	−	−	3	−	1.「税務署」とは、財務省設置法（平成11年法律第95号）第24条第1項に規定する税務署を表示する。 2. 特に重要な税務署は記号にかえて注記することができる。 3. 市街地等において重要な地物を抹消するおそれがある場合は、省略することができる。
0	点(E5)	−	−	3	−	1.「郵便局」とは、日本郵便株式会社法（平成17年法律第100号）第2条第4項に規定する郵便局を表示する。ただし、地下街にあるものを除く。 2. 特に重要な郵便局は記号にかえて注記することができる。 3. 市街地等において重要な地物を抹消するおそれがある場合は、省略することができる。

大分類	分類	分類コード レイヤ	分類コード データ項目	名称	図式（数値：図上mm）	取得方法・原点位置（方向有り：→　原点記号：・）
建物等	建物記号	35	10	森林管理署	2.0 / 0.4 / 0.8 / 0.8	記号表示位置の点情報を取得する
			15	交番	2.0 / 1.45	記号表示位置の点情報を取得する
			16	消防署	1.2 / 1.45 / 0.65	記号表示位置の点情報を取得する 0.725 / 0.725
			17	職業安定所（ハローワーク）	2.0	記号表示位置の点情報を取得する
			19	役場支所及び出張所	2.0	記号表示位置の点情報を取得する
			21	神社	2.4 / 2.0 / 0.65 / 1.6	記号表示位置の点情報を取得する 1.0 / 1.0
			22	寺院	2.0 / 2.0	記号表示位置の点情報を取得する
			23	キリスト教会	2.0 / 0.8 / 1.2 / 2.0	記号表示位置の点情報を取得する 1.0 / 1.0
			24	学校	2.0 / 2.0	記号表示位置の点情報を取得する

図形区分	タイプ（レコードデータ）	方向	属性数値	線号	端点一致	適用
0	点(E5)	–	–	3	–	1.「森林管理署」とは、農林水産省設置法（平成11年法律第98号）第28条第1項に規定する森林管理署を表示する。 2. 特に重要な森林管理署は記号にかえて注記することができる。 3. 市街地等において重要な地物を抹消するおそれがある場合は、省略することができる。
0	点(E5)	–	–	3	–	1.「交番」とは、警察法（昭和29年法律第162号）第53条第5項に規定する警察署の下部機構としての交番その他の派出所及び駐在所を表示する。 2. 市街地等において重要な地物を抹消するおそれがある場合は、省略することができる。
0	点(E5)	–	–	3	–	1.「消防署」とは、消防組織法（昭和22年法律第226号）第9条第1号及び第2号に規定する消防本部及び消防署を表示する。 2. 特に重要な消防署は記号にかえて注記することができる。 3. 市街地等において重要な地物を抹消するおそれがある場合は、省略することができる。
0	点(E5)	–	–	3	–	1.「職業安定所（ハローワーク）」とは、厚生労働省設置法（昭和22年法律第226号）第23条第1項及び第24条第1項に規定する公共職業安定所及び公共職業安定所の出張所を表示する。 2. 特に重要な職業安定所（ハローワーク）は記号にかえて注記することができる。 3. 市街地等において重要な地物を抹消するおそれがある場合は、省略することができる。
0	点(E5)	–	–	3	–	1.「役場支所及び出張所」とは、地方自治法（昭和22年法律第67号）第155条第1項に規定する支庁、支庁出張所、支所及び出張所を表示する。 2. 特に重要な役場支所及び出張所は記号にかえて注記することができる。 3. 市街地等において重要な地物を抹消するおそれがある場合は、省略することができる。
0	点(E5)	–	–	3	–	1.「神社」とは、神道における祭礼施設及びその建物をいい、目標となるものを表示する。ただし、著名なもの又は地域の状況を表現するために必要なものについては、注記する。 2. 市街地等において重要な地物を抹消するおそれがある場合は、省略することができる。
0	点(E5)	–	–	3	–	1.「寺院」とは、仏教における祭礼施設及びその建物をいい、目標となるものを表示する。ただし、著名なもの又は地域の状況を表現するために必要なものについては、注記する。 2. 市街地等において重要な地物を抹消するおそれがある場合及び地下、他の建物に同居する寺院は、省略することができる。
0	点(E5)	–	–	3	–	1.「キリスト教会」とは、キリスト教における祭礼施設及びその建物をいい、目標となるものを表示する。ただし、著名なもの又は地域の状況を表現するために必要なものについては、注記する。 2. 市街地等において重要な地物を抹消するおそれがある場合は、省略することができる。
0	点(E5)	–	–	3	–	1.「学校」とは、学校教育法（昭和22年法律第26号）第1条による小学校、中学校、高等学校及び養護学校並びに外国人学校のうちこれらに準ずるものに適用する。ただし、著名なもの又は地域の状況を表現するために必要なものについては、注記する。 2. 市街地等において重要な地物を抹消するおそれがある場合は、省略することができる。

大分類	分類	分類コード		名　　称	図　　式（数値：図上 mm）	取得方法・原点位置（方向有り：→　原点記号：・）
		レイヤ	データ項目			
建物等	建物記号	35	25	幼稚園・保育園	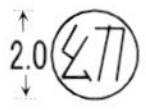 2.0	記号表示位置の点情報を取得する 
			26	公会堂・公民館	 2.0	記号表示位置の点情報を取得する 
			30	老人ホーム	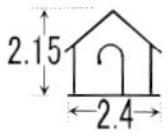 2.15 2.4	記号表示位置の点情報を取得する 
			31	保健所	 2.0	記号表示位置の点情報を取得する 
			32	病院	2.4 1.6 2.4	記号表示位置の点情報を取得する 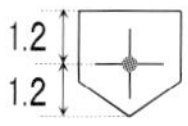 1.2 1.2
			34	銀行	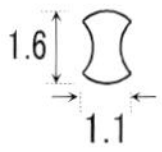 1.6 1.1	記号表示位置の点情報を取得する
			36	協同組合	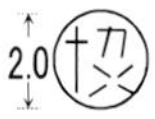 2.0	記号表示位置の点情報を取得する 
			45	倉庫	0.8 0.55 2.15 1.45 0.8 0.8 0.8 0.55	記号表示位置の点情報を取得する 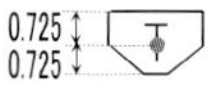 0.725 0.725

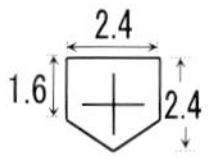

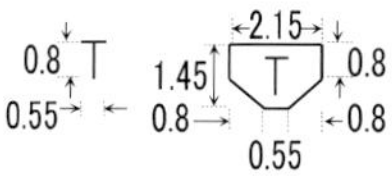

図形区分	タイプ（レコードデータ）	方向	属性数値	線号	端点一致	適用
0	点(E5)	−	−	3	−	1.「幼稚園」とは、学校教育法（昭和22年法律第26号）第1条による幼稚園及び児童福祉法（昭和22年第164号）第7条第1項による保育所に適用する。ただし、著名なもの又は地域の状況を表現するために必要なものについては、注記する。 2. 市街地等において重要な地物を抹消するおそれがある場合は、省略することができる。
0	点(E5)	−	−	3	−	1.「公会堂・公民館」とは、地方自治体が設置する公会堂及び社会教育法（昭和24年法律第207号） 第20条による公民館に適用する。ただし、著名なもの又は地域の状況を表現するために必要なものについては、注記する。 2. 市街地等において重要な地物を抹消するおそれがある場合は、省略することができる。
0	点(E5)	−	−	3	−	1.「老人ホーム」とは、老人福祉法（昭和38年法律第133号）第20条の4に規定する養護老人ホーム、同法第20条の5に規定する特別養護老人ホーム及び同法第20条の6に規定する軽費老人ホームを表示する。 2. 著名なもの又は地域の状況を表現するために必要なものについては、注記する。 3. 市街地等において重要な地物を抹消するおそれがある場合は、省略することができる。
0	点(E5)	−	−	3	−	1.「保健所」とは、地域保健法（昭和22年法律第101号）第5条第1項に規定する保健所を表示する。 2. 著名なもの又は地域の状況を表現するために必要なものについては、注記する。 3. 市街地等において重要な地物を抹消するおそれがある場合は、省略することができる。
0	点(E5)	−	−	3	−	1.「病院」とは、医療法（昭和22年法律第205号）第1条の5による病院及び診療所、救急病院等を定める省令（昭和39年厚生省令第8号）第2条第1項に基づき告示された救急病院及び救急診療所を表示する。ただし、病院、医院、診療所等に適用し、接骨、マッサージ及び動物に係る施設は表示しない。 2. 著名なもの又は地域の状況を表現するために必要なものについては、注記する。 3. 市街地等において重要な地物を抹消するおそれがある場合は、省略することができる。
0	点(E5)	−	−	3	−	1.「銀行」とは、銀行法（昭和56年法律第59号）第2条第1項に規定する銀行及び信用金庫法（昭和26年法律第238号）第1条に規定する信用金庫を表示する。 2. 著名なもの又は地域の状況を表現するために必要なものについては、注記する。 3. 市街地等において重要な地物を抹消するおそれがある場合は、省略することができる。
0	点(E5)	−	−	3	−	1.「協同組合」とは、農業協同組合・漁業協同組合・林業協同組合及び酪農協同組合の本部、支所、出張所を表示する。 2. 著名なもの又は地域の状況を表現するために必要なものについては、注記する。 3. 市街地等において重要な地物を抹消するおそれがある場合は、省略することができる。
0	点(E5)	−	−	3	−	1.「倉庫」とは、建物の大きさが図上おおむね3.0㎜×3.0㎜以上の品物の保管、貯蔵及び冷蔵を専用とする建物を表示する。 2. 著名なもの又は地域の状況を表現するために必要なものについては、注記する。 3. 市街地等において重要な地物を抹消するおそれがある場合は、省略することができる。

大分類	分類	分類コード レイヤ	分類コード データ項目	名称	図式（数値：図上 mm）	取得方法・原点位置（方向有り：→　原点記号：・）
建物等	建物記号	35	46	火薬庫	0.25 1.45 1.45	記号表示位置の点情報を取得する 0.725 0.725
			48	工場	1.2 2.0	記号表示位置の点情報を取得する
			50	変電所	2.4 0.4 2.0 1.2	記号表示位置の点情報を取得する
			56	揚・排水機場	2.4 0.8 1.2 1.6	記号表示位置の点情報を取得する 0.4 0.4
			60	ガソリンスタンド	2.4 GS 1.6	記号表示位置の点情報を取得する GS
小物体	その他の小物体	42	01	墓碑	1.2 0.95	記号表示位置の点情報を取得する
			02	記念碑	0.5 1.2 0.95	記号表示位置の点情報を取得する
			03	立像	0.55 1.45 0.55	記号表示位置の点情報を取得する
			07	鳥居		脚は外周を取得する 横線は射影の中心線を取得する 線
					0.25 0.8 極小 0.4 0.4	極小　記号表示位置の点と方向を取得する x y

図形区分	タイプ（レコードデータ）	方向	属性数値	線号	端点一致	適用
0	点(E5)	−	−	3	−	1.「火薬庫」とは、火薬の保管、貯蔵を専用とする建物を表示する。 2. 市街地等において重要な地物を抹消するおそれがある場合は、省略することができる。
0	点(E5)	−	−	3	−	1.「工場」とは、製造業における製品の生産、製造、点検、保守整備などを行う施設及びその建物のうち、図上おおむね10.0mm×10.0mm以上の敷地を有するものを表示する。 2. 著名なもの又は地域の状況を表現するために必要なものについては、注記する。 3. 市街地等において重要な地物を抹消するおそれがある場合は、省略することができる。
0	点(E5)	−	−	3	−	1.「変電所」とは、図上おおむね2.0mm×2.0mm以上の電力の電圧及び周波数の変換を行う施設（敷地）を表示する。 2. 著名なもの又は地域の状況を表現するために必要なものについては、注記する。 3. 市街地等において重要な地物を抹消するおそれがある場合は、省略することができる。
0	点(E5)	−	−	3	−	1.「揚・排水機場」とは、農業用及び工業用等のために設けられた揚排水ポンプ場を表示する。 2. 特に規模の大きなもの及び地域の状況を表現するために必要なものについては、注記する。 3. 市街地等において重要な地物を抹消するおそれがある場合は、省略することができる。
0	点(E5)	−	−	3	−	1.「ガソリンスタンド」とは、主にガソリンや軽油などの燃料の販売所をいい、ガススタンド及び電気自動車用のEV充電施設も含めて表示する。 2. 特に規模の大きなもの及び地域の状況を表現するために必要なものについては、注記する。 3. 市街地等において重要な地物を抹消するおそれがある場合は、省略することができる。
0	点(E5)	−	−	3	−	「墓碑」とは、死者の戒名や俗名等を刻んだ墓石をいい、独立して1個又は数個が存在し、墓地として表示できない場合や、規模が大きなもの及び著名なもの又は好目標となる墓碑を表示する。
0	点(E5)	−	−	3	−	「記念碑」とは、何らかの出来事や人物の功績等を記念して建てた碑をいい、規模が大きなもの及び著名なもの又は好目標となる記念碑を表示する。
0	点(E5)	−	−	3	−	「立像」とは、銅像及び石像をいい、規模が大きなもの及び著名なもの又は好目標となる立像を表示する。
0	線(E2)	−	−	3	−	「鳥居」とは、神社の参道等に建造されている門状の建造物を表示する。
	方向(E6)	有				

大分類	分類	分類コード レイヤ	分類コード データ項目	名称	図式（数値：図上mm）	取得方法・原点位置（方向有り：→　原点記号：・）
小物体	その他の小物体	42	19	坑口	真形	真形　坑口部分の外周を取得する（始終点座標一致）
					真形	真形　坑口部分の外周を取得する
					極小 1/3円 1.2	極小　記号表示位置の点と方向を取得する x y
			21	独立樹（広葉樹）	0.95 2.0 0.55	記号表示位置の点情報を取得する
			22	独立樹（針葉樹）	1.2 2.0 0.55	記号表示位置の点情報を取得する
			25	油井・ガス井	1.6 1.1	記号表示位置の点情報を取得する
			28	起重機	1.2 2.0 0.65 0.65 0.25 0.65	記号表示位置の点情報を取得する
			31	タンク		真形　構造物の外周を取得する（始終点座標一致）
					1.6 極小	極小　記号表示位置の点情報を取得する
			34	煙突	0.95 1.45 0.4 0.4	真形　基部の外周を取得する（始終点座標一致）
						記号表示位置の点情報を取得する
			35	高塔	真形 0.25 0.25 0.25	真形　基部の外周を取得する（始終点座標一致） ティック部は自動発生して表示する
					0.25 極小 0.8	極小　記号表示位置の点情報を取得する

図形区分	タイプ（レコードデータ）	方向	属性数値	線号	端点一致	適用
0	面(E1)	−	−	2	−	「坑口」とは、鉱坑の入口及び河川が地下に出入する部分に表示する。
	線(E2)					
	方向(E6)	有		4		
0	点(E5)	−	−	3	−	「独立樹（広葉樹）」とは、単独の大きな広葉樹又は数株の大きな広葉樹が集合するもので、著名なものを表示する。
0	点(E5)	−	−	3	−	「独立樹（針葉樹）」とは、単独の大きな針葉樹又は数株の大きな針葉樹が集合するもので、著名なものを表示する。
0	点(E5)	−	−	2	−	「油井・ガス井」とは、原油又は天然ガスを採掘するための坑井をいい、現に採取中のもので、目標となる施設を有するものを表示する。
0	点(E5)	−	−	2	−	「起重機」とは、工場、港湾、倉庫、発電所、工事等で荷を吊り上げ水平移動させる機械をいい、常設され規模の大きいものを表示する。
0	面(E1) 円(E3)	−	−	2	−	1.「タンク」とは、水、油、ガス、飼料等を貯蔵するために地上に設置されたタンクを表示する。 2. 図上1.6㎜未満のタンクで、多数が集合している場合には、景況を表現するよう極小の記号で表示する。
	点(E5)					
0	面(E1)	−	−	2	−	「煙突」とは、燃焼等で生成されるガスを排出する筒状の装置をいい、堅ろうで好目標となる煙突を表示する。
	点(E5)					
0	面(E1) 円(E3)	−	−	2	−	「高塔」とは、好目標となる望楼、教会の鐘楼、独立した給水塔、展望台、送電鉄塔及び他に地図記号が定められていない高塔を表示する。
	点(E5)					

大分類	分類	分類コード レイヤ	分類コード データ項目	名称	図式（数値：図上 mm）	取得方法・原点位置（方向有り：→ 原点記号：・）
小物体	その他の小物体	42	36	電波塔	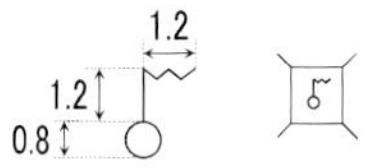 1.2 / 1.2 / 0.8	記号表示位置の点情報を取得する 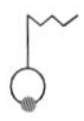
			39	風車	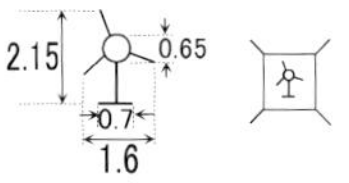 2.15 / 0.65 / 0.7 / 1.6	記号表示位置の点情報を取得する 
			41	灯台	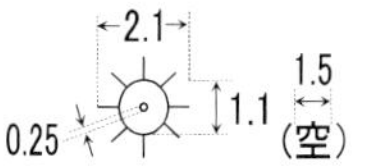 2.1 / 1.5 / 1.1 / (空) / 0.25	真形 基部の外周を取得する（始終点座標一致） 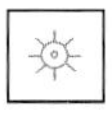 記号表示位置の点情報を取得する 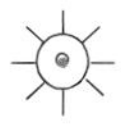
			43	灯標	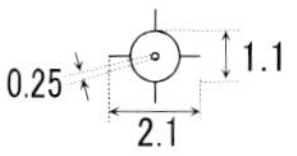 0.25 / 1.1 / 2.1	記号表示位置の点情報を取得する 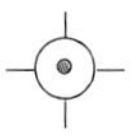
			51	水位観測所	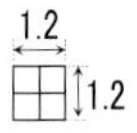 1.2 / 1.2	記号表示位置の点情報を取得する
			61	輸送管（地上）	 0.4 / 極小	外周を取得する（始終点座標一致） 
			62	輸送管（空間）	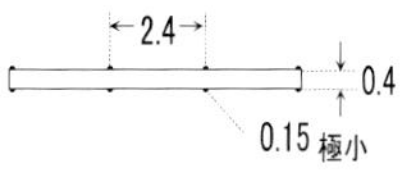 2.4 / 0.4 / 0.15 極小	外周を取得する（始終点座標一致） 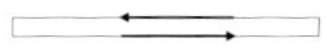 補助記号は自動発生して表示する
			65	送電線	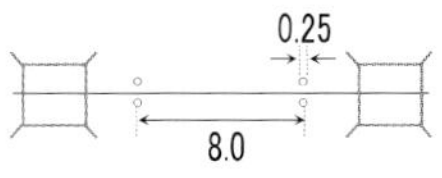 0.25 / 8.0	中心線を取得する（鉄塔間で区切らず連続データとする） 
水部等	水部	51	01	水涯線（河川）（湖池等）（海岸線）	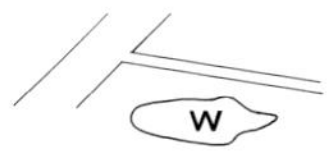 w	界線を取得する 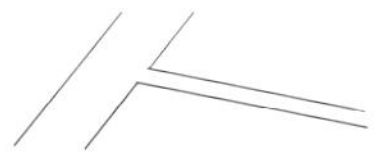
			02	一条河川	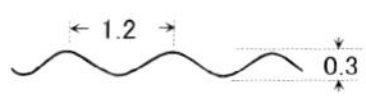 1.2 / 0.3	中心線を取得する 
			–	かれ川	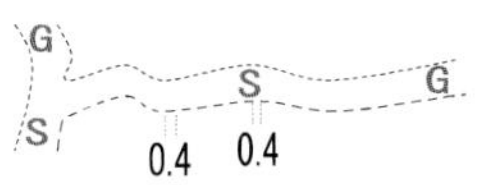 G / S / S / G / 0.4 / 0.4	範囲を示す縁線を取得する 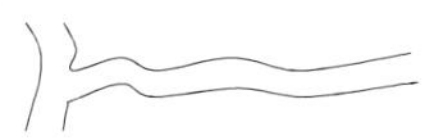

第2章

図形区分	タイプ（レコードデータ）	方向	属性数値	線号	端点一致	適用
0	点(E5)	−	−	2	−	「電波塔」とは、テレビ、ラジオ、無線電信等の送受信を目的に構築されたものを表示する。
0	点(E5)	−	−	2	−	「風車」とは、風力を利用して羽車を回転させて動力を得る装置をいい、発電を目的に構築されたものを表示する。
0	面(E1) 点(E5)	−	−	2	−	「灯台」とは、航路・航空標識のうちの灯台をいい、灯火装置のある部分を表示する。
0	点(E5)	−	−	2	−	1.「灯標」とは、航路標識のうちの灯標をいい、固定された規模の大きなものを表示する。 2. 市街地については省略することができる。
0	点(E5)	−	−	3	−	1.「水位観測所」とは、河川、湖沼、臨海部において水位又は潮位を観測する施設をいい、主要なものを表示する。 2. ポール等の量水標は表示しない。
0	面(E1)	−	−	2	−	「輸送管（地上）」とは、水、油、ガス、ガソリン等を輸送するものを表示する。
0	面(E1)	有	−	2	−	「輸送管（空間）」とは、水、油、ガス、ガソリン等を輸送するものを表示する。
0	線(E2)	−	−	2	○	「送電線」とは、電力を送出するための電線をいい、おおむね20KV以上の高圧電流の送電線を表示する。
0	線(E2)	−	−	3	○	1.「水涯線」とは、河川、湖沼等の水涯線及び海岸線を表示する。 2. 海岸線は満潮時における海岸線の正射影を表示する。
0	線(E2)	−	−	3	−	「一条河川」とは、水涯線の表示が困難な河川に適用し、流水部を解糸状の線で表示する。ただし、地下の部は表示しない。
−	−	−	−	−	−	1.「かれ川」とは、通常水の流れていない川をいい、断続している河川の流路を明示する場合に表示する。 2. かれ川は、砂れき地(分類コード63-40)の記号を適用する。

大分類	分類	分類コード		名称	図式 （数値：図上 mm）	取得方法・原点位置 （方向有り：→　原点記号：・）
		レイヤ	データ項目			
水部等	水部	51	05	湖池	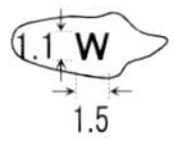 1.1 W 1.5	図郭に対して平行入力する W
	水部に関する構造物	52	−	桟橋 （鉄・コンクリート）	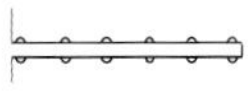	被覆(分類コード61-10)参照
			03	桟橋 （木製・浮桟橋）		外周を取得する 
			−	防波堤	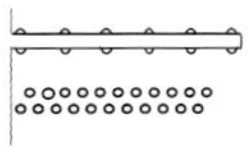	被覆(分類コード61-10)参照 透過水制(分類コード52-32)参照
			21	渡船発着所	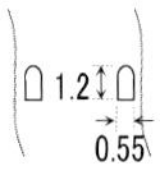 1.2 0.55	記号表示位置の点と方向を取得する 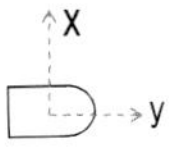 x y
			−	ダム	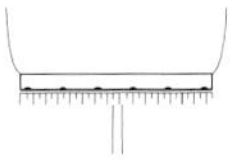	被覆(分類コード61-10)参照 人工斜面(分類コード61-01)参照
			26	滝		真形(上流部)
						真形(下流部) 補助記号は自動発生して表示する
					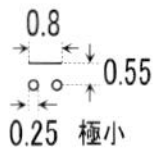 0.8 0.55 0.25 極小	極小　記号表示位置の点と方向を取得する 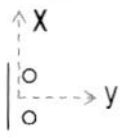 x y
			27	せき		真形(上流部)　中心線を取得する
						真形(下流部)　中心線を取得する
					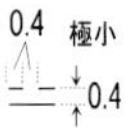 0.4 極小 0.4	極小　記号表示位置の点と方向を取得する 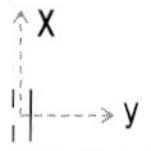 x y

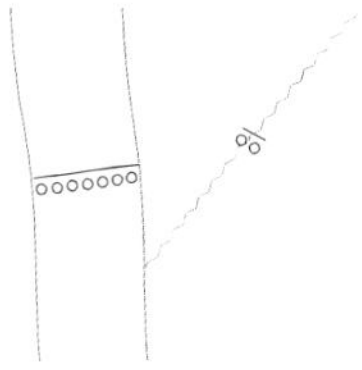

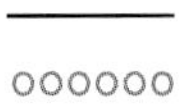

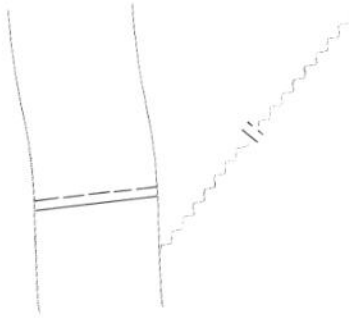

図形区分	タイプ（レコードデータ）	方向	属性数値	線号	端点一致	適　　用
0	点(E5)	−	−	3	−	湖池（分類コード51-01）で、名称が注記されないものには「W」記号を添える。
−	−	−	−	−	−	1.「桟橋（鉄・コンクリート）」とは、船舶の乗降用に水部に突出した形状のもので、鉄製又はコンクリート製のものを表示する。 2. 桟橋（鉄・コンクリート）は、その射影により被覆(小)(分類コード61-10)の記号を適用する。
0	線(E2)	−	−	3	−	「桟橋（木製・浮桟橋）」とは、桟橋のうち木製又は浮桟橋であるものを表示する。
−	−	−	−	−	−	1.「防波堤」とは、波浪を制御する堤防、埠頭、海岸浸食を防ぐ突堤等を表示する。 2. 防波堤は、その規模、景況等により被覆(小)(分類コード61-10)又は透過水制(分類コード52-32)の記号を適用する。
0	方向(E6)	有	−	2	−	「渡船発着所」とは、定期的に人又は車両を運搬する船舶の発着所及び遊覧船の発着所に適用する。
−	−	−	−	−	−	1.「ダム」とは、洪水の調整、発電、上水道、農工業等のための各種用水の貯水を目的として設けられた工作物をいい、砂防ダムを含むものとする。 2. ダムは、その形態により被覆(分類コード61-10)及び人工斜面(分類コード61-01)の記号を適用する。
11	線(E2)	−	−	2	−	「滝」とは、地形の遷急点から流水が急激に落下する場所をいい、高さがおおむね3.0m以上のものを表示する。
12						
0	方向(E6)	有				
11	線(E2)	−	−	3	−	「せき」とは、流水制御、取水等の目的で河床を横断して設けられた工作物を表示する。
12						
0	方向(E6)	有				

大分類	分類	分類コード レイヤ	分類コード データ項目	名称	図式（数値：図上mm）	取得方法・原点位置（方向有り：→　原点記号：・）
水部等	水部に関する構造物	52	28	水門	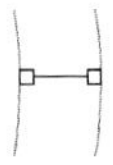	真形 
					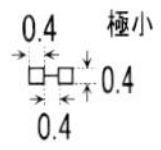 0.4 極小 0.4 0.4	極小　記号表示位置の点と方向を取得する  x y
			－	不透過水制	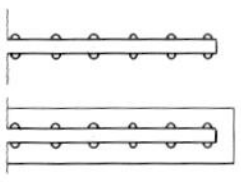	被覆(分類コード61-10)参照 
			32	透過水制	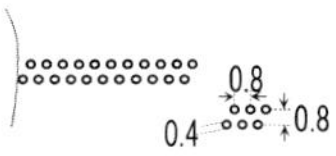 0.8 0.4 0.8	真形　外周を取得する(始終点座標一致) 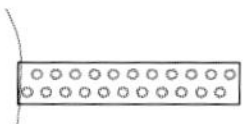 補助記号は自動発生して表示する
			39	敷石斜坂	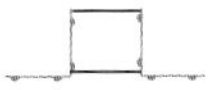	外周を取得する(始終点座標一致) 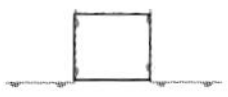
			41	流水方向	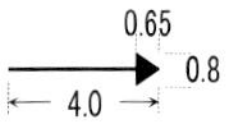 0.65 0.8 4.0	記号表示位置の点と方向を取得する 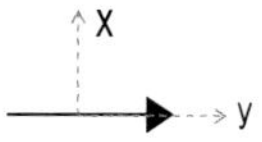 x y
土地利用等	法面・構囲	61	01	人工斜面	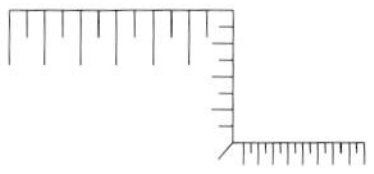	上端線　高度の低い方を右にみるように取得する  補助記号は自動発生して表示する
						下端線　高度の高い方を右にみるように取得する 
			02	土堤	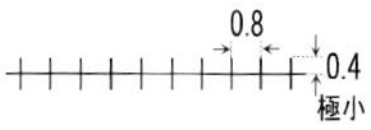 0.8 0.4 極小	
			10	被覆	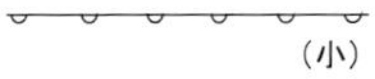 （小）	直ヒ　高度の低い方を右にみるように取得する 
					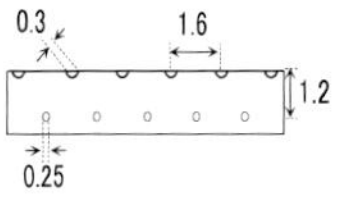 0.3 1.6 1.2 0.25	射影部(上端線)高度の低い方を右にみるように取得する 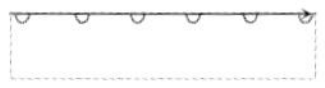 補助記号や内部りん形点は自動発生して表示する
					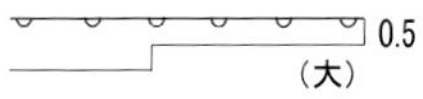 0.5 （大）	射影部(下端線)高度の高い方を右にみるように取得する 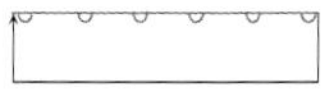

図形区分	タイプ（レコードデータ）	方向	属性数値	線号	端点一致	適用
0	線(E2)	－	－	3	－	「水門」とは、取排水、水量調節等のために設けられた工作物を表示する。
	方向(E6)	有				
－	－	－	－	－	－	1.「不透過水制」とは、水制のうち平水時に水面上に露出しているせき以外の流水制御、流路の整正等を目的としたコンクリート、積石等不透過性の構造物を表示する。 2. 不透過水制は、被覆(分類コード61-10)の記号を適用する。
0	面(E1)	－	－	2	－	1.「透過水制」とは、水制のうち平水時に水面上に露出している護岸のためのブロック、防波堤及び流水を制御するための杭・捨石を表示する。 2. 透過水制の記号は、その区域の広さに応じて円を等間隔でりん形に配置して表示する。
0	面(E1)	－	－	3	－	「敷石斜坂」とは、漁港等における敷石斜坂を表示する。
0	方向(E6)	有	－	4	－	1.「流水方向」とは、河川の流水方向を識別するための矢印をいい、河川の流水方向が図上で容易に識別できない場合に、上流から下流方向へ矢印を付して表示する。 2. 流水方向の記号は、川幅が広い場合は河川の中央部に、川幅が狭く記号が入らない場合は、河川の記号を間断して表示する。
11	線(E2)	有	－	2	○	「人工斜面」とは、盛土及び切土により人工的に作られた急斜面（道路、鉄道等の盛土部及び切土部、土堤、土囲、ダム、造成地の急斜面等）を表示する。
12						
0	線(E2)	－	－	2	－	「土堤」とは、被覆のない堤防及び敷地等の周囲にある盛土頂部の幅が連続的に形成されているもので、人工斜面（分類コード61-01）の記号で表現できない形状のものについて表示する。
0	線(E2)	有	－	3	－	「被覆」とは、道路、河岸、海岸等の斜面を保護するためのコンクリート、石積等の堅ろうな工作物を表示する。
11				2	○	
12						

大分類	分類	分類コード レイヤ	データ項目	名称	図式（数値：図上mm）	取得方法・原点位置（方向有り：→　原点記号：・）
土地利用等	法面・構囲	61	30	かき	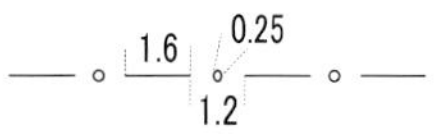 1.6　0.25　1.2	中心を取得する 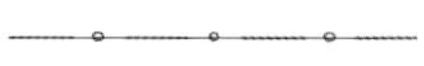
			40	へい	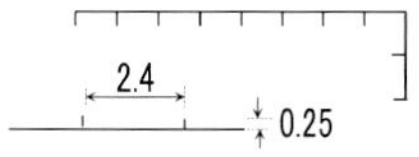 2.4　0.25	内側を右にみるように中心を取得する  補助記号は自動発生して表示する
	諸地・場地	62	01	区域界	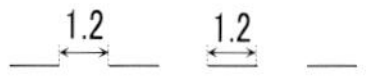 1.2　1.2	界線を取得する 
			12	駐車場	 2.0	記号表示位置の点情報を取得する 
			14	園庭	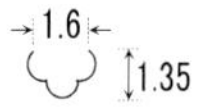 1.6　1.35	記号表示位置の点情報を取得する 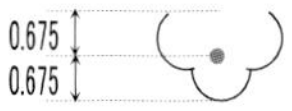 0.675　0.675
			–	墓地	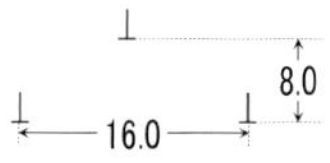 8.0　16.0	墓碑(分類コード42-01)参照
			16	材料置場	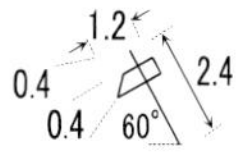 1.2　0.4　0.4　60°　2.4	記号表示位置の点情報を取得する 
			17	太陽光発電設備	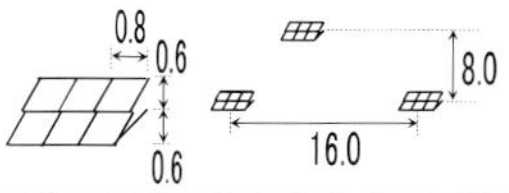 0.8　0.6　0.6　8.0　16.0	記号表示位置の点情報を取得する 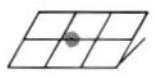
			21	噴火口・噴気口	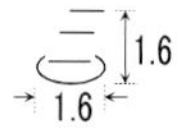 1.6　1.6	記号表示位置の点情報を取得する 
			22	温泉・鉱泉	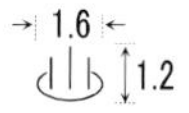 1.6　1.2	記号表示位置の点情報を取得する
	植生	63	01	植生界	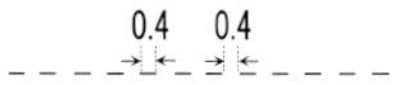 0.4　0.4	中心を取得する 
			02	耕地界	 0.8　2.4	中心を取得する 
			11	田	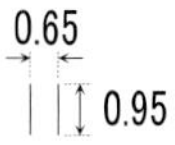 0.65　0.95	記号表示位置又は記号代表点の点情報を取得する

図形区分	タイプ（レコードデータ）	方向	属性数値	線号	端点一致	適用
0	線(E2)	–	–	3	–	「かき」とは、建物及び敷地の周辺を区画するためのトタンべい、生がき、鉄さく等の工作物を表示する。
0	線(E2)	有	–	3	–	「へい」とは、建物及び敷地の周辺を区画するためのついじ及び石、コンクリート等で作られた堅ろうの工作物を表示する。
0	線(E2)	–	–	2	–	「区域界」とは、場地等のうち特に他の地区と区別する必要のある場合で、その区域が地物縁で表示できない場合に適用する。
0	点(E5)	–	–	2	–	「駐車場」とは、一般車が利用可能なもの及び月極駐車場等を表示する。
0	点(E5)	–	–	2	–	「園庭」とは、庭園、公園、宅地、道路の分離帯及び工場等の周辺にある観賞あるいは隠ぺいのため栽培する灌木の集合しているものをいい、記号を意匠的に配置して表示する。
–	–	–	–	–	–	1.「墓地」とは、寺院及び斎場に附属するもの並びに単独に存在する墓の集合しているところを表示する。 2. 墓地は、その区域を地物縁で表示できない場合は植生界（図式分類コード63-01）の記号により外周を表示し、その内部に墓碑(図式分類コード42-01)の記号を定間隔に配列して表示する。
0	点(E5)	–	–	2	–	「材料置場」とは、木材、石材、鉱石等を集積するための土地又は水面を表示する。
0	点(E5)	–	–	2	–	「太陽光発電設備」とは、土地に太陽電池を設置して発電するための設備を表示する。
0	点(E5)	–	–	2	–	1.「噴火口及び噴気口」とは、現に噴火・噴気しているものについて、当該位置に記号を表示する。 2. 噴火又は噴気が広範囲にわたる場合は、主要なものを表示する。
0	点(E5)	–	–	2	–	「温泉・鉱泉」とは、温泉法（昭和23年法律第125号）に基づく温泉及び鉱泉をいい、主要なものを表示する。ただし、泉源と浴場が離れている場合には、浴場の位置にも表示することができる。
0	線(E2)	–	–	2	–	「植生界」とは、異なった植生の境界を表示する。ただし、未耕地間の植生界は原則として表示しない。
0	線(E2)	–	–	2	–	「耕地界」とは、同一種類の耕地の境界を表示する。
0	点(E5)	–	–	2	–	「田」とは、水稲、蓮、い草、わさび、せり等を栽培している湿田、乾田及び沼田に適用し、季節により畑作物を栽培する土地を含む。

大分類	分類	分類コード レイヤ	分類コード データ項目	名称	図式（数値：図上mm）	取得方法・原点位置（方向有り：→　原点記号：・）
土地利用等	植生	63	13	畑	1.2 0.55	記号表示位置又は記号代表点の点情報を取得する 0.275 0.275
			14	さとうきび畑	1.2 0.25 0.55	記号表示位置又は記号代表点の点情報を取得する 0.275 0.275
			15	パイナップル畑	1.2 0.5 0.55	記号表示位置又は記号代表点の点情報を取得する 0.275 0.275
			17	桑畑	0.95 0.55 0.95	記号表示位置又は記号代表点の点情報を取得する 0.475 0.475
			18	茶畑	0.25 0.8	記号表示位置又は記号代表点の点情報を取得する
			19	果樹園	0.4 0.8	記号表示位置又は記号代表点の点情報を取得する 0.6 0.6
			21	その他の樹木畑	0.8	記号表示位置又は記号代表点の点情報を取得する
			23	芝地	0.3 0.25 0.15 1.2	記号表示位置又は記号代表点の点情報を取得する
			31	広葉樹林	0.8	記号表示位置又は記号代表点の点情報を取得する
			32	針葉樹林	1.6 0.8	記号表示位置又は記号代表点の点情報を取得する 0.8 0.8
			33	竹林	1.45 0.95	記号表示位置又は記号代表点の点情報を取得する 0.475 0.475
			34	荒地	1.2 1.2	記号表示位置又は記号代表点の点情報を取得する
			35	はい松地	1.2 0.95	記号表示位置又は記号代表点の点情報を取得する 0.475 0.475
			36	しの地（笹地）	1.2 0.95	記号表示位置又は記号代表点の点情報を取得する 0.475 0.475

図形区分	タイプ（レコードデータ）	方向	属性数値	線号	端点一致	適用
0	点(E5)	－	－	2	－	「畑」とは、麦、陸稲、野菜、芝、牧草等を栽培している土地に適用する。
0	点(E5)	－	－	2	－	「さとうきび畑」とは、さとうきびを栽培している土地に適用する。
0	点(E5)	－	－	2	－	「パイナップル畑」とは、パイナップルを栽培している土地に適用する。
0	点(E5)	－	－	2	－	「桑畑」とは、桑を栽培している土地に適用する。
0	点(E5)	－	－	2	－	「茶畑」とは、茶を栽培している土地に適用する。
0	点(E5)	－	－	2	－	「果樹園」とは、果樹を栽培している土地に適用する。
0	点(E5)	－	－	2	－	「その他の樹木畑」とは、桐、はぜ、こうぞ、造園用樹木等を栽培している土地及び苗木畑に適用する。
0	点(E5)	－	－	2	－	「芝地」とは、芝を植えて管理している庭園、ゴルフ場及び運動場等に適用する。
0	点(E5)	－	－	2	－	1.「広葉樹林」とは、樹高2.0m以上の広葉樹が密生している地域に適用する。ただし、植林地は樹高2.0m未満でも適用する。 2. 各樹木及び竹が混在している場合は、当該記号を適宜混合して表示する。
0	点(E5)	－	－	2	－	1.「針葉樹林」とは、樹高2.0m以上の針葉樹が密生している地域に適用する。ただし、植林地は樹高2.0m未満でも適用する。 2. 各樹木及び竹が混在している場合は、当該記号を適宜混合して表示する。
0	点(E5)	－	－	2	－	1.「竹林」とは、樹高2.0m以上の竹が密生している地域に適用する。ただし、植林地は樹高2.0m未満でも適用する。 2. 各樹木及び竹が混在している場合は、当該記号を適宜混合して表示する。
0	点(E5)	－	－	2	－	「荒地」とは、裸地、雑草地及び湿地・沼地等で水草が生えている地域に適用する。
0	点(E5)	－	－	2	－	「はい松地」とは、はい松又はわい性松の密生している地域に適用する。
0	点(E5)	－	－	2	－	「しの地」とは、しの又は笹の密生している地域に適用する。

大分類	分類	分類コード レイヤ	分類コード データ項目	名称	図式（数値：図上 mm）	取得方法・原点位置（方向有り：→　原点記号：・）
土地利用等	植生	63	37	やし科樹林	1.45 1.45	記号表示位置又は記号代表点の点情報を取得する 0.725 0.725
			38	湿地	1.2 0.7 1.2 0.7	記号表示位置又は記号代表点の点情報を取得する 0.6 0.6 0.6 0.6
			40	砂れき地	S 0.95 0.8	記号表示位置又は記号代表点の点情報を取得する S
地形等	等高線	71	01	等高線（計曲線）	100	等値線を取得する 標高値は属性数値(単位：mm) 100 1.5
			02	等高線（主曲線）		等値線を取得する 標高値は属性数値(単位：mm) 80 1.5
			03	等高線（補助曲線）	0.4 8.0	等値線を取得する 標高値は属性数値(単位：mm) 15 1.5
			05	凹地（計曲線）	(大) 2.4-8.0 0.4	高度の高い方を左にみるように等値線を取得する 標高値は属性数値(単位：mm) 100 1.5
			06	凹地（主曲線）	(大) 2.4-8.0 0.4	高度の高い方を左にみるように等値線を取得する 標高値は属性数値(単位：mm) 80 1.5

図形区分	タイプ（レコードデータ）	方向	属性数値	線号	端点一致	適用
0	点(E5)	–	–	2	–	「やし科樹林」とは、やし科、へご科、たこのき科等の植物が密生している地域に適用する。
0	点(E5)	–	–	2	–	「湿地」とは、常時水を含み、土地が軟弱で湿地性の植物が生育している土地に適用する。
0	点(E5)	–	–	2	–	「砂れき地」とは、砂又はれきで覆われている土地に適用する。
0	線(E2)	–	有	4	○	「等高線（計曲線）」とは、平均海面から起算して50mごとの等高線をいう。
	注記(E7)		–	3	–	
0	線(E2)	–	有	2	○	「等高線（主曲線）」とは、平均海面から起算して10mごとの等高線をいう。
	注記(E7)		–	3	–	
0	線(E2)	–	有	2	○	「等高線（補助曲線）」とは、等高線（主曲線）の1/2間隔の等高線をいい、比較的傾斜の緩い斜面又は複雑な地形を示す地域で、等高線（主曲線）だけではその特徴を表示することが困難な場合に表示する。
	注記(E7)		–	3	–	
0	線(E2)	有	有	4	○	「凹地（計曲線）」とは、人工構築物との合成で生じた以外の凹地をいい、50mの間隔とする。
	注記(E7)	–	–	3	–	
0	線(E2)	有	有	2	○	「凹地（主曲線）」とは、人工構築物との合成で生じた以外の凹地をいい、10mの間隔とする。
	注記(E7)	–	–	3	–	

大分類	分類	分類コード レイヤ	分類コード データ項目	名称	図式（数値：図上mm）	取得方法・原点位置（方向有り：→　原点記号：・）
地形等	等高線	71	07	凹地（補助曲線）	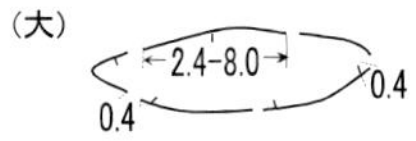 (大) 2.4-8.0 0.4 0.4	高度の高い方を左にみるように等値線を取得する 標高値は属性数値(単位：mm) 
						15 1.5
			99	凹地（矢印）	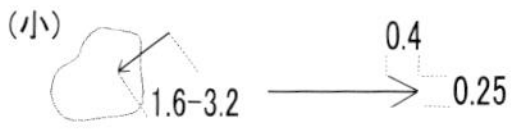 (小) 1.6-3.2 0.4 0.25	 2点目 1点目 終点側に矢印を自動発生して表示する
	変形地	72	01	土がけ（崩土）	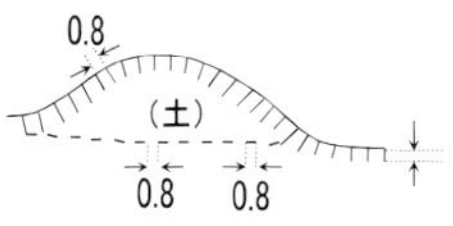 0.8 (土) 0.8 0.8	上端線　高度の低い方を右にみるように取得する  補助記号は自動発生して表示する
					最大2.0 最小0.4	下端線　高度の高い方を右にみるように取得する
					(土) 1.5 2.25	図郭に対して平行入力する (土)
			02	雨裂	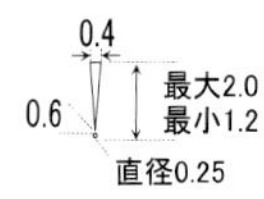 0.4 0.6 最大2.0 最小1.2 直径0.25	 2点目 下端(方向点) 1点目 上端中央 輪郭形状(三角形、円)は自動発生して表示する
			06	洞口	1.2 0.8	記号表示位置の点と方向を取得する 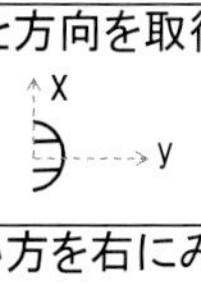 x y
			11	岩がけ	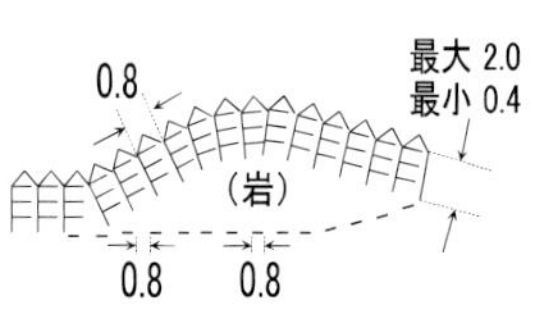 0.8 最大2.0 最小0.4 (岩) 0.8 0.8	上端線　高度の低い方を右にみるように取得する 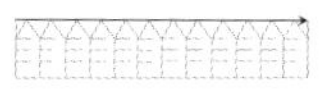 補助記号は自動発生して表示する
						下端線　高度の高い方を右にみるように取得する 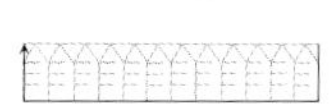
					2.25 (岩) 1.5	図郭に対して平行入力する (岩)

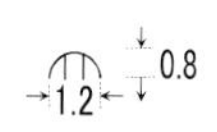

図形区分	タイプ（レコードデータ）	方向	属性数値	線号	端点一致	適用
0	線(E2)	有	有	2	○	「凹地（補助曲線）」とは、凹地（主曲線）の1/2間隔の等高線をいい、人工構築物との合成で生じた以外の凹地に対して、凹地（主曲線）だけではその特徴を表示することが困難な場合に表示する。
	注記(E7)	-	-	3	-	
0	線(E2)	有	-	2	-	「凹地（矢印）」とは、凹地を示す等高線と直行する矢印を高度の高い方から最低部に向けて表示する。
11	線(E2)	有	-	2	○	「土がけ（崩土）」とは、土砂の崩壊等によって自然にできた急斜面を表示する。
12						
0	点(E5)	-			-	
0	線(E2)	有	-	2	-	「雨裂」とは、表土が雨水によって流出した状態を表示する。
0	方向(E6)	有	-	4	-	「洞口」とは、自然に形成された石灰洞、溶岩洞、トンネル等の穴を表示する。
11	線(E2)	有	-	2	○	「岩がけ」とは、岩でできた急斜面を表示する。
12						
0	点(E5)	-			-	

大分類	分類	分類コード レイヤ	分類コード データ項目	名称	図式（数値：図上mm）	取得方法・原点位置（方向有り：→　原点記号：・）
地形等	変形地	72	12	露岩	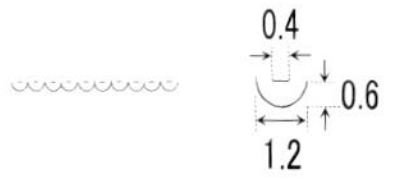 0.4 0.6 1.2	高度の高い方を右にみるように界線を取得する 
			13	散岩	（大） 	高度の高い方を右にみるように界線を取得する 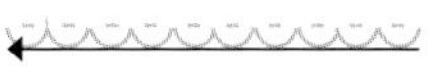
					（小） 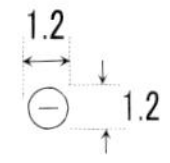 1.2 1.2	極小　記号表示位置の点情報を取得する 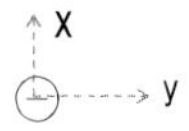 x y
			14	さんご礁		高度の高い方を右にみるように界線を取得する 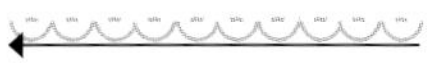
	基準点	73	01	三角点	 25.6 0.25 1.6	基準点記号又は指示点表示位置の点情報を取得する 標高値は属性数値（単位：mm）
						25.6
			02	水準点	 25.62 0.25 0.95	基準点記号又は指示点表示位置の点情報を取得する 標高値は属性数値（単位：mm）
						25.62
			03	多角点等	 25.6 0.25 0.95	基準点記号又は指示点表示位置の点情報を取得する 標高値は属性数値（単位：mm）
						25.6
			04	公共基準点（三角点）	 1.6 25.6 0.25	基準点記号又は指示点表示位置の点情報を取得する 標高値は属性数値（単位：mm）
						25.6

図形区分	タイプ（レコードデータ）	方向	属性数値	線号	端点一致	適用
0	線(E2)	有	－	2	－	「露岩」とは、一部を地表に露出する岩石をいい、河岸及び海岸等で露出している岩石を含むものとする。
0	線(E2)	有	－	2	－	「散岩」とは、地表に散在する岩石をいい、岩礁を含むものとする。
	方向(E6)					
0	線(E2)	有	－	2	－	1.「さんご礁」とは、浅海域に発達するサンゴ群落をいい、その外縁を表示する。 2. 空中写真上で判読できる程度のものについてその外縁を表示する。
0	点(E5)	－	有	4	－	1.「三角点」とは、基本測量により設置された三角点をいい、すべて表示する。 2. 盤石の亡失したもの、高架部下のものについては表示しない。
	注記(E7)		－	3		
0	点(E5)	－	有	4	－	1.「水準点」とは、基本測量により設置された水準点をいい、すべて表示する。 2. 標石の亡失したもの、トンネル内、高架部下のものについては表示しない。
	注記(E7)		－	3		
0	点(E5)	－	有	3	－	1.「多角点等」とは、基本測量により設置された基準点のうち三角点及び水準点以外のものをいい、すべて表示する。 2. 標石の亡失したもの、トンネル内、高架部下のものについては表示しない。
	注記(E7)		－			
0	点(E5)	－	有	3	－	1.「公共基準点（三角点）」とは、公共測量による1級基準点測量及び2級基準点測量により設置された基準点をいい、すべて表示する。 2. 盤石の亡失したもの、高架部下のものについては表示しない。
	注記(E7)		－			

大分類	分類	分類コード レイヤ	分類コード データ項目	名称	図式（数値：図上mm）	取得方法・原点位置（方向有り：→　原点記号：・）
地形等	基準点	73	05	公共基準点（水準点）	⊠ 25.62 ⊠ 0.95	基準点記号又は指示点表示位置の点情報を取得する 標高値は属性数値（単位：mm） ⊠ 25.62
			08	電子基準点	1.2 1.2 1.6 0.25 1.6 25.6	基準点記号又は指示点表示位置の点情報を取得する 標高値は電子基準点付属標の標高（単位：mm） 25.6
			11	標石を有しない標高点	0.25 ∘ 25.6	基準点記号又は指示点表示位置の点情報を取得する 標高値は属性数値（単位：mm） ・ 25.6
			12	図化機測定による標高点	0.25 ∘ 25.6	基準点記号又は指示点表示位置の点情報を取得する 標高値は属性数値（単位：mm） ・ 25.6
−	−	81	99	指示点	0.25 ∘	記号表示位置の点情報を取得する ・

図形区分	タイプ（レコードデータ）	方向	属性数値	線号	端点一致	適用
0	点(E5)	－	有	3	－	1.「公共基準点（水準点）」とは、公共測量による1級水準測量及び2級水準測量により設置された水準点をいい、すべて表示する。 2. 標石の亡失したもの、トンネル内、高架部下のものについては表示しない。
	注記(E7)		－			
0	点(E5)	－	有	4	－	1.「電子基準点」とは、基本測量により設置された電子基準点をいい、すべて表示する。 2. 記号の位置はアンテナの位置、標高値は付属標の標高値、三角記号の重心を真位置に表示する。
	注記(E7)		－	3		
0	点(E5)	－	有	3	－	「標石を有しない標高点」とは、公共測量による3級及び4級基準点（三角点及び水準点）、標定点測量（簡易水準測量を含む）により、平面位置及び標高を所定の精度で測定した点をいい、必要に応じて表示する。
	注記(E7)		－			
0	点(E5)	－	有	3	－	「図化機測定による標高点」とは、図化機等により平面位置及び標高が決定された点をいい、必要に応じて道路の交差部など用図上重要な地点に表示する。
	注記(E7)		－			
0	点(E5)	－	－	3	－	「指示点」とは、建物記号、注記を表示する場合に、その対象物の内部に記号が表示できず、対象とするものが特定できない場合に表示する。

第3章　注　記

第1節　通　則

（注　記）

第51条　注記とは、文字又は数値による表示をいい、地域、人工物、自然物等の固有の名称（以下「固有名」という。）、特定の記号のないものの名称及び種類又は状態を示す説明並びに標高、等高線数値等に用いる。

（注記の原則）

第52条　注記の表示の原則は、次による。

一　注記は、対象物の種類、図上の面積及び形状により、小対象物、地域及び線状対象物に区分して表示する。

イ　小対象物とは、独立した建物等、単独に存在するものをいう。

ロ　地域とは、居住地のように集団的に存在するもの及び広がりのある区域等をいう。

ハ　線状対象物とは、河川のように幅に比べて長さが非常に長いものをいう。

二　固有名の注記は、現在用いられている公称とし、公称を持たないもの又は公称がほとんど使用されていない場合は、最もよく知られている通称とする。

三　公称のほかに著名な通称を有し、両者を併記することが必要と認められる場合は、通称に括弧を付して公称と併記する。ただし、居住の地名（以下「居住地名」という。）には適用しない。

四　略称は、原則として表示しない。ただし、一般に通用する略称がある場合（ローマ字の頭文字をもって略称するものを含む。）、又はそのままの名称では字数が多く表示が不適当と認められる場合は、疑問を生じない範囲で略称を表示することができる。

五　地形図上では、注記の字数が多く、かつ、略称により表示することが不適当な場合には、二列に表示することができる。

六　注記は、対象物との関係位置を的確に示し、かつ、その注記によって重要な地形及び地物等を抹消しないように表示する。

七　注記は、字列の交差等により、読解に疑義が生じないように表示する。

（注記の取捨選択）

第53条　注記の取捨選択は、次による。

一　行政区画の名称（以下「行政名」という。）は、東京都の区、市町村及び指定都市の区について、すべて表示する。

二　居住地、鉄道及び駅の名称は、原則としてすべて表示する。

三　河川、湖池、海湾、山地、島、道路、その他の地物等の名称については、著名なもの又は用図上重要なものについて表示する。

（使用する文字）

第54条　使用する文字の種類及び適用範囲は、次のとおりとする。

文字の種類	適　用　範　囲
漢　　字	漢字を固有名とする名称
ひら仮名	ひら仮名を固有名とする名称及びふり仮名
かた仮名	かた仮名を固有名とする名称
アラビア数字	基準点等の標高、等高線数値及び国道番号等
ローマ字	ローマ字を固有名とする名称及び略称

（書体及び字形）

第55条　書体は、原則としてゴシック体（等線書体）とし、字形は、すべて直立体とする。

（字　大）

第56条　字大とは、文字を囲んだ四角形の高さをいい、一個の注記の字大はすべて同一とする。

2　助字がある場合の地形図上での表示は、第59条（助字）の規定による。

（字　隔）

第57条　字隔とは、一個の注記において、隣接する文字と文字との間隔をいい、一個の注記の字隔はすべて等間隔とする。

2　助字がある場合の地形図上での表示は、第59条（助字）の規定による。

（字　列）

第58条　字列とは、一個の注記の配列をいい、水平字列、垂直字列及び斜向字列に区分する。

一　水平字列は、文字を横書きにする配列をいい、字列を図郭下辺に対して平行にし、左から右に向かって読むようにする。

二　垂直字列は、文字を縦書きにする配列をいい、字列を図郭下辺に対し垂直にする。

三　斜向字列は、線状等の対象物に沿わせて各文字を表示する配列をいい、直線字列、曲線字列及び折線字列に区分し、地形図上での表示に使用する。この場合、対象物の傾きが図郭下辺に対して45°未満の場合は横読みに、45°以上の場合は縦読みになるようにする。

イ　直線字列とは、線状の対象物に直線で沿わせた配列をいう。

ロ　曲線字列とは、線状の対象物に曲線で沿わせた配列をいう。

ハ　折線字列とは、前各号及びイ、ロにより表示することが不適当な場合、対象物の形状に沿わせ、その内部に表示する配列をいい、各文字の下辺は図郭下辺に対して平行になるようにする。

（助　字）

第59条　助字とは、親字の間にはさまれた小文字で親字と一体となって、その正しい名称を表す文字をいい、拗音、促音を含む。

一　助字の表現は、地形図上のみで行う。

二　助字の字大は、親字の字大の60%を標準とする。

三　横書きの場合の助字は、文字の下辺を字列の下辺と一致させ、縦書きの場合の助字は、文字の右辺を字列の右辺と一致させて表示する。

［字隔が 1/2 の例］

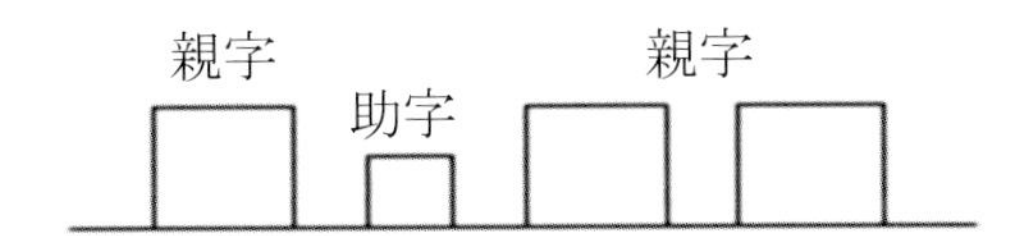

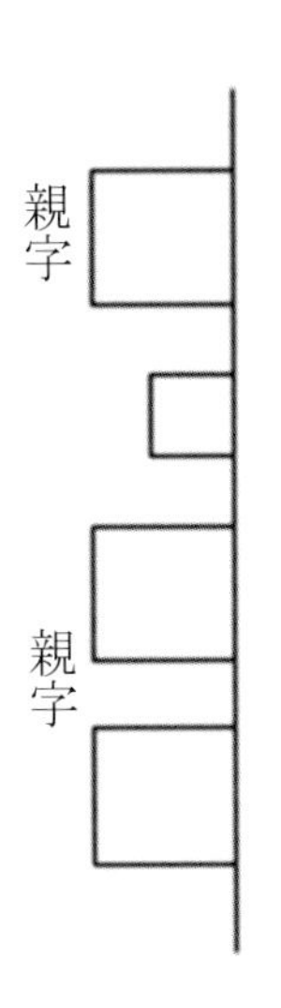

2　助字が続く場合の字隔は、次のようにする。

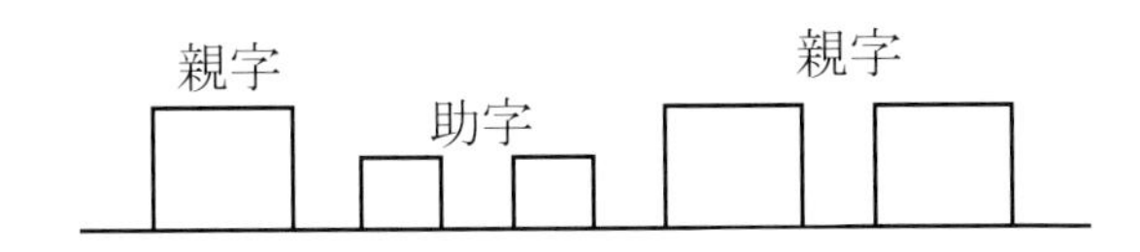

［字隔が 1/2 の例］

（ふり仮名）

第60条　ふり仮名は、難読な漢字に対して、横書きの場合は漢字の上側に、縦書きの場合は漢字の右側に表示し、字大は 1.5mm、漢字との間隔は 0.5mm とする。

2　ふり仮名は、個別の注記要素として入力する。

（アラビア数字）

第61条　アラビア数字による注記の向きは、次の図例による。

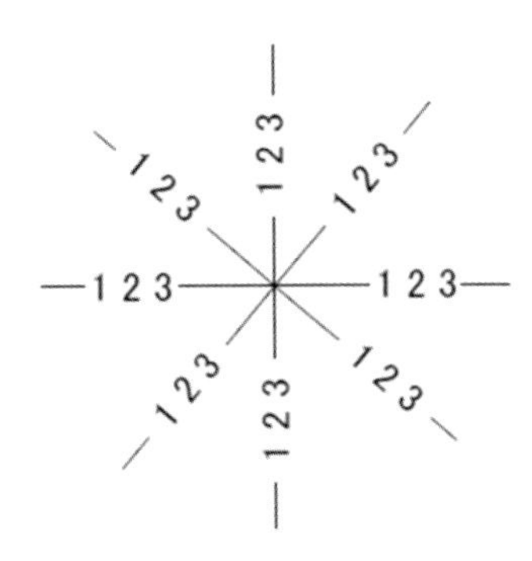

（外　字）

第62条　外字は、データファイル内には使用しないものとする。

（注記の配置）

第63条　注記の配置は、次の図例により表示する。

注記の区分	字列	注記の位置及び優先順位	備　考
小対象物	水平字列・垂直字列	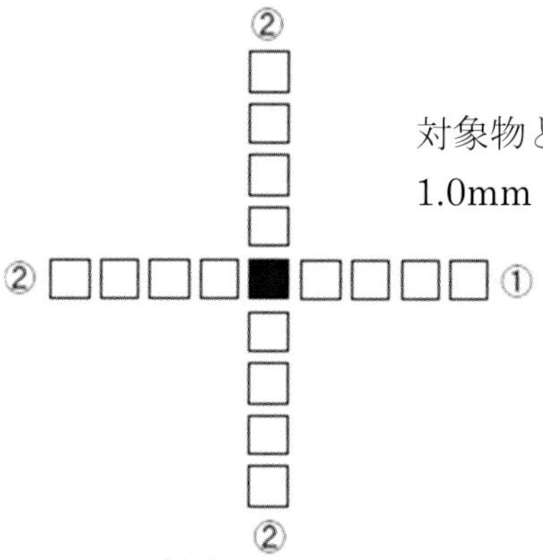 ② ② ① ② 対象物と注記の間隔は、1.0mm を標準とする。 ※　地物が錯綜し上記の方法による注記が困難な場合は、注記位置を適宜移動することができる。この場合、注記の指示が不明確になる場合は、当該地物中央に指示点を表示する。 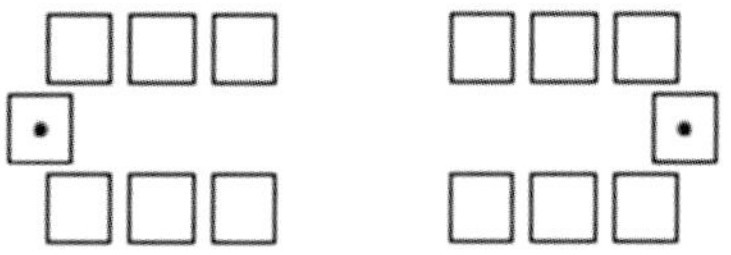	①②は、表示の優先順位
地域	水平字列	地域Ⅰ 対象物の内側に表示するもの 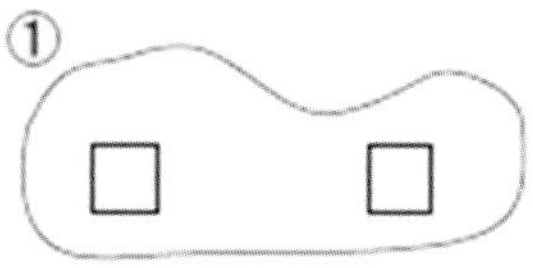 ① 地域Ⅱ 対象物の外側に表示するもの 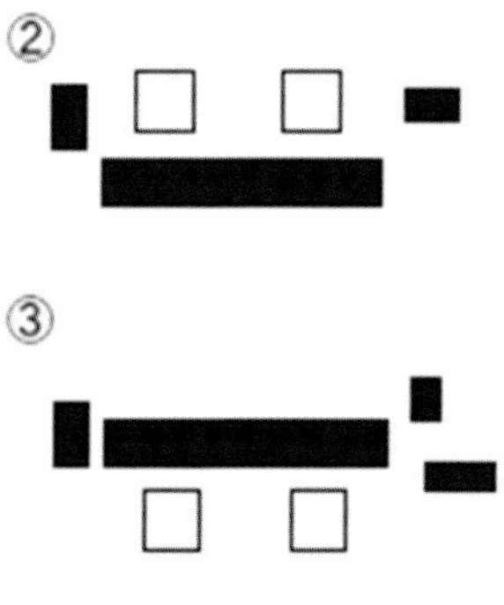 ② ③	地域Ⅱで注記する場合の、対象物と注記との間隔は1字大を標準とする。

注記の区分	字列	注記の位置及び優先順位	備　考
地域	垂直字列	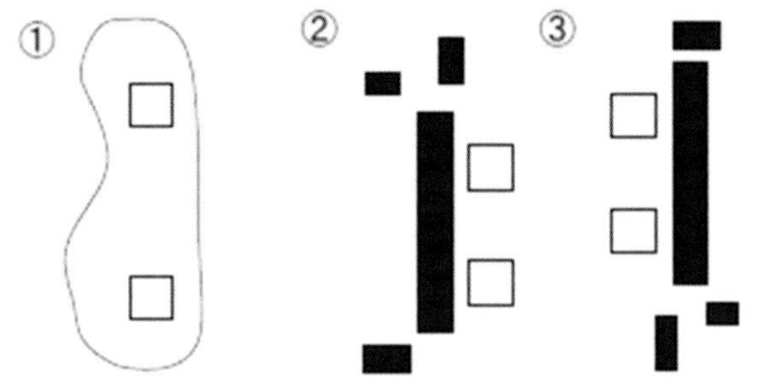 ① ② ③	
	斜向字列・折線字列	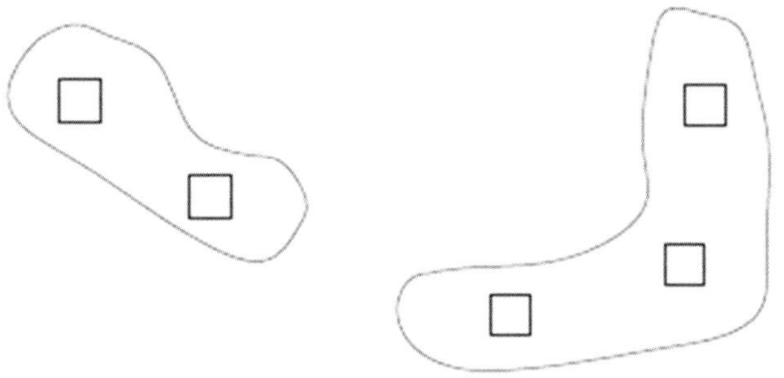	水平字列、垂直字列によることが適当でない海湾及び湖池等に適用する。
線状対象物	斜向字列（直線字列）	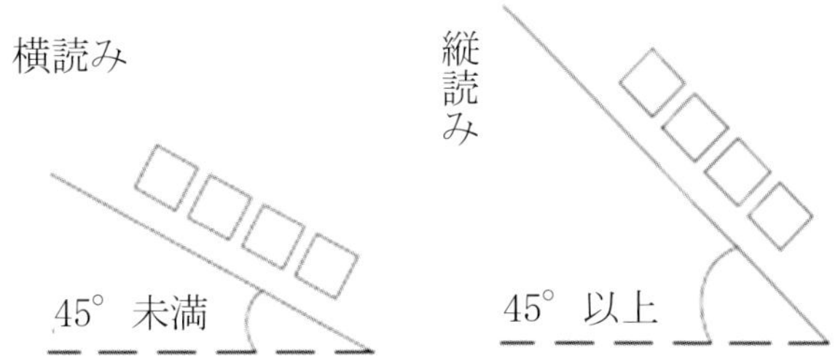 横読み 45°未満 縦読み 45°以上	対象物の外側に表示する場合には、対象物と注記との間隔は字大の 1/2 を標準とする。
	斜向字列（曲線字列）	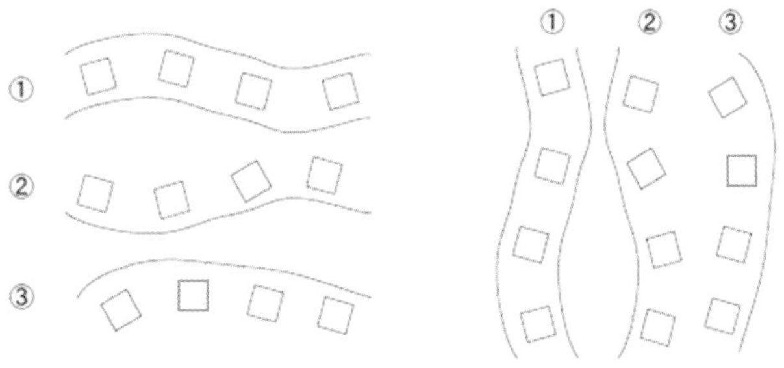 ① ② ③ ① ② ③	線状対象物の幅が広い場合は、対象物の内側に表示する。

2　字列を二列に分けて表示するときは、字列の間隔を 1.0mm とするほか、次による。

一　小対象物は、対象物側の文字をそろえ 2 列の中心線を対象物の中央に一致させる。

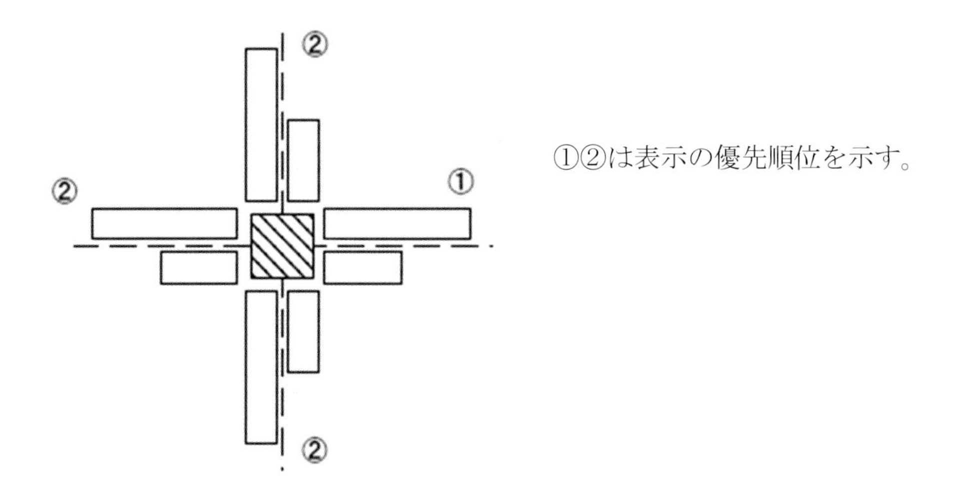

二　地域の注記にあたっては、各列の中央を対象地域の中央に一致させる。

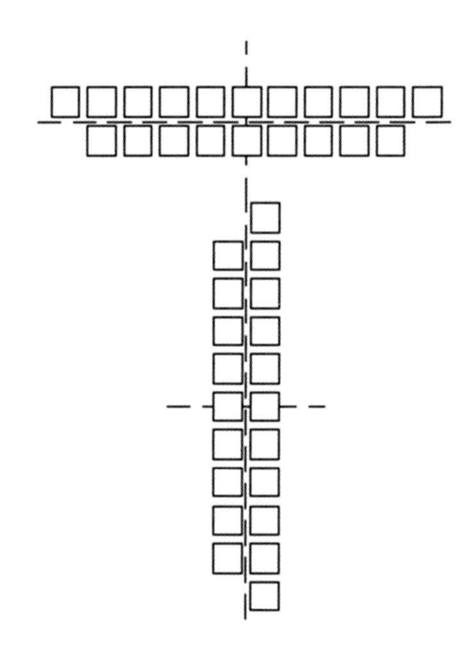

3　公称と通称を併記する場合は、次のとおりとする。

一　通称は、括弧を含めて公称とおおむね等しくなるよう字隔を調整する。

二　併記する字列の間隔は、1.0mm とする。

三　括弧は、1 文字扱いとして表示する。

●小対象物

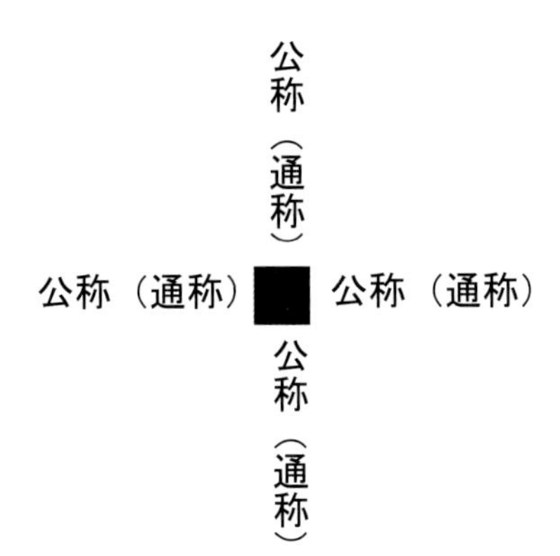

●地　域

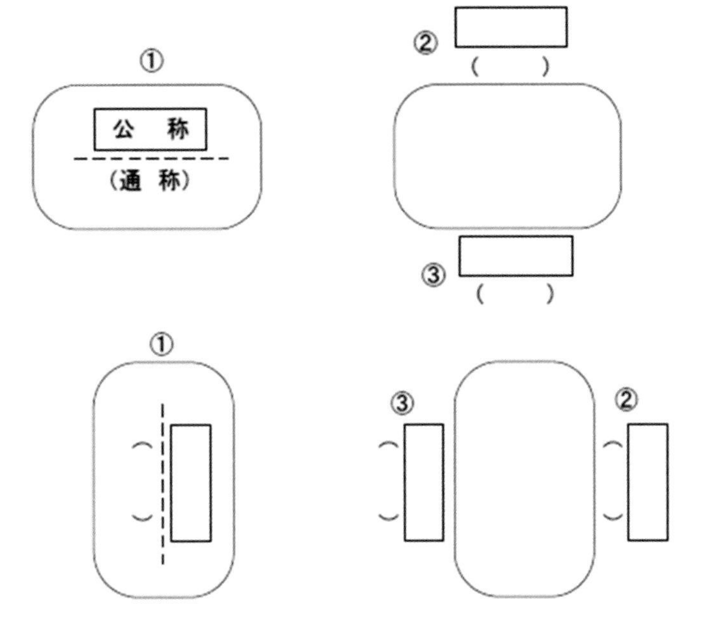

●線状対象物

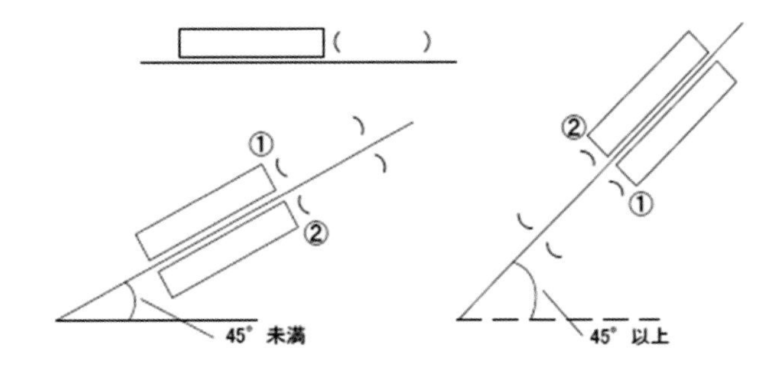

（注記の原点と文字列の方向）

第64条　注記の原点は、縦書きでは１文字目の左上、横書きでは１文字目の左下とする。

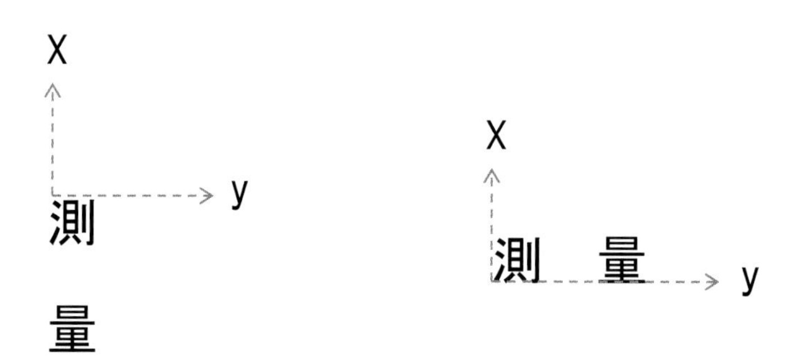

２　注記の文字列の方向は、原則として次の図例による。

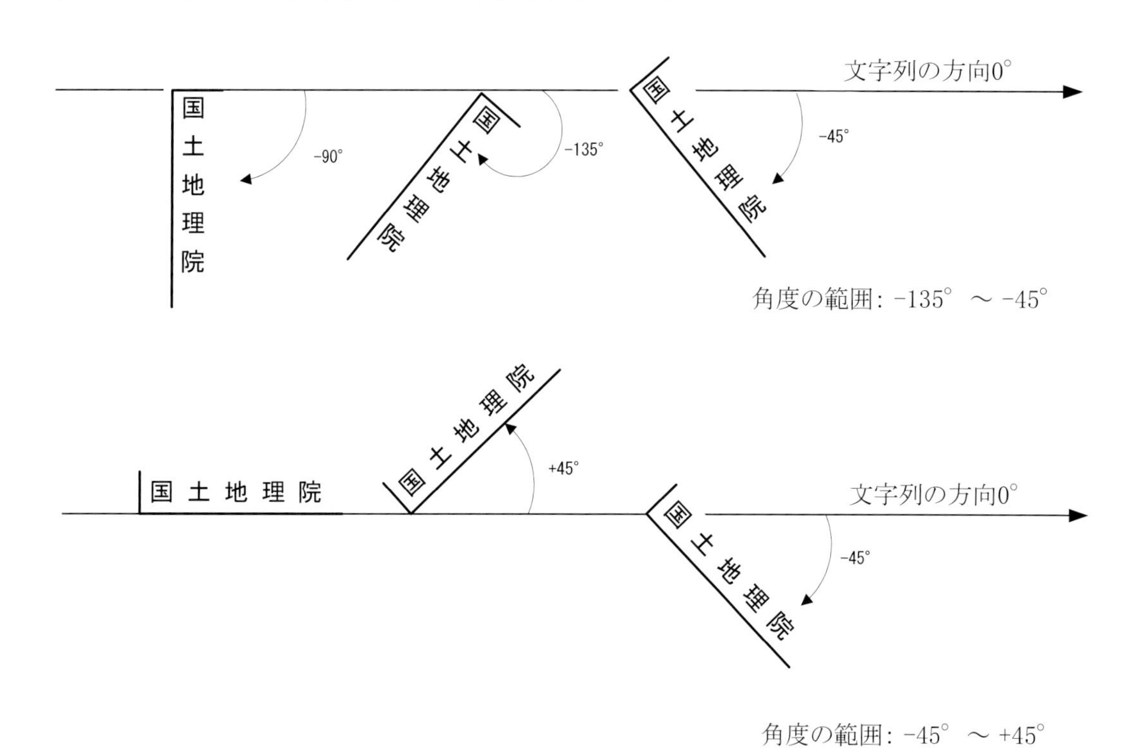

（注記の適用）

第65条　注記の適用は、原則として次の表による。

分類コード		分類	表示対象	字大	字隔	注記法の区分				全角・半角	備考（記載例）
レイヤ	データ項目					小対象物	地域（I）	地域（II）	線状		
71	01	等高線数値	等高線（計曲線）	1.5	1/4	–	–	–	○	半角	
	02		等高線（主曲線）	1.5	1/4	–	–	–	○	半角	
	03		等高線（補助曲線）	1.5	1/4	–	–	–	○	半角	
	05		凹地（計曲線）	1.5	1/4	–	–	–	○	半角	
	06		凹地（主曲線）	1.5	1/4	–	–	–	○	半角	
	07		凹地（補助曲線）	1.5	1/4	–	–	–	○	半角	
73	01	基準点等	三角点	2.0	1/4	○	–	–	–	半角	点名称を入れる場合は全角文字とする
	02		水準点	2.0	1/4	○	–	–	–	半角	
	03		多角点等	2.0	1/4	○	–	–	–	半角	
	04		公共基準点（三角点）	2.0	1/4	○	–	–	–	半角	
	05		公共基準点（水準点）	2.0	1/4	○	–	–	–	半角	
	08		電子基準点	2.0	1/4	○	–	–	–	半角	
	11		標石を有しない標高点	2.0	1/4	○	–	–	–	半角	
	12		図化機測定による標高点	1.5	1/4	○	–	–	–	半角	
81	10	行政区画	市・東京都の区	3.5	1/2～7	–	○	–	–	全角	
	11		町・村・指定都市の区	3.0	1/2～7	–	○	–	–	全角	
	12		市町村の飛地	2.0	1/4～7	○	○	○	–	全角	
	13	居住地名	大区域	2.5	1/4～5	–	○	○	–	全角	大字の上に公称としてあるもの
	14		大字・町・丁目	2.5	1/4～3	–	○	○	–	全角	町・丁目は大字に対応するもの
	15		小字・丁目	2.0	1/4～3	–	○	○	○	全角	丁目は小字に対応するもの
	16		通り	2.0	1/4～3	–	○	○	○	全角	
	21	交通施設	道路の路線名	2.5	1/2～5	–	–	–	○	全角	
	22		道路施設、坂、峠 インターチェンジ等	2.0	1/4～1	○	○	○	○	全角	
	23		鉄道の路線名	2.5	1/2～5	–	–	–	○	全角	
	24		鉄道施設 駅、操車場、信号所	2.0	1/4～3	○	○	○	○	全角	
	25		橋	2.0	1/4～5	○	–	–	○	全角	
	26		トンネル	2.0	1/4～5	○	–	–	○	全角	
	31	建物	建物の名称	2.0	1/4～3	○	○	○	–	全角	

分類コード		分類	表示対象	字大	字隔	注記法の区分				全角・半角	備考（記載例）
レイヤ	データ項目					小対象物	地域（Ⅰ）	地域（Ⅱ）	線状		
81	42	小物体	小物体	2.0	1/4	○	－	－	－	全角	輸送菅は線状対象物の注記法
	51	水部	河川、内湾、港	2.5	1/4～5	○	○	○	○	全角	
			一条河川	2.0	1/4～5	○	○	－	○	全角	
			湖池	2.0	1/4～5	○	○	○	－	全角	
			岬、崎、鼻、岩礁	2.0	1/4～1	○	○	○	－	全角	
			河岸、河原、洲、滝、浜、磯	2.0	1/4～5	○	○	－	○	全角	
			山、島	2.0	1/4～5	○	○	○	－	全角	
	52		せき、水門、渡船発着所	2.0	1/4～1	○	○	○	○	全角	羽村堰、岩淵水門
			堤防	2.0	1/4～5	○	○	○	○	全角	
	62	土地利用等	公園、運動場、牧場、飛行場、ゴルフ場、材料置場、温泉、採鉱地、採石地、城跡、史跡名勝、天然記念物、太陽光発電設備等	2.0	1/4～5	○	○	○	○	全角	
	63		植生	2.0	1/4～1	○	○	○	－	全角	森林、原野、果樹園
	71	山地	山	2.5	1/4～3	○	○	○	－	全角	
			尖峰、丘、塚	2.0	1/4～1	○	○	○	－	全角	
			谷、沢	2.0	1/2～3	○	○	－	○	全角	
	81	説明注記（本文中に規定されているものを除く）		1.5	1/4～2	○	○	○	○	全角	（建設中）（宅地造成中）（油）（整理中）
		助字		親字の60%							
		ふり仮名		1.5							

注1．字隔は、対象物の大小、字数の多少及び視覚等を考慮して表の範囲で選択する。ただし、小対象物の注記法による場合の字隔は、すべて1/4とする。

2．対象物の面積及び長さにより規定の字大の適用が困難な場合、又は不適切な場合は、字大を0.5mm小さくすることができる。

3．本表に記載されていないものは、表中の類似物の注記規定による。

4．各字大における文字の線の太さは、次の線号を標準とする。

字　大	1.5～2.0mm	2.5～3.0mm	3.5～4.0mm	4.5～5.0mm
線の太さ	0.10mm	0.15mm	0.20mm	0.30mm

電子基準点、三角点、水準点、多角点等、公共基準点（三角点）、公共基準点（水準点）、標石を有しない標高点、図化機測定による標高点及び等高線数値の線の太さは、0.15mmとする。

第２節　細　則

（行政区画）

第66条　行政名の表示は、次による。

一　行政名は、都道府県（北海道の支庁を含む。）名及び郡の名称を除きすべて表示する。

二　図上の面積が狭小で、規定の字大を用いることが困難な場合は、適宜字大を小さくして注記することができる。

三　市町村の飛地の名称は、市町村の名称に続けて「飛地」を付して表示する。

（居住地名）

第67条　居住地名の表示は、次による。

一　居住地名は、大区域、大字・町（住居表示による○○丁目を含む。）、小字・丁目、通りに区分して表示する。

二　地方自治法又は住居表示に関する法律に基づき、大字、町等の名称が定められた場合は、その名称を省略することなく表示する。なお、市街地等において、狭小な区域に字数の多い名称がある場合は、字大を 2.0mm として表示することができる。

三　大区域は、旧行政名等が大字の上に公称として呼称されているものに適用する。

四　居住地名が同じ呼称の一大字、一小字で構成される場合は、大字名のみを表示する。なお、異呼称の場合には、地域Ⅱの注記法により、小字名をその集落に近い方に表示する。

五　大字に 2 個以上の小字がある場合には、小字名をそれぞれの区域に表示し、さらに大字名をその中央に表示する。

六　市街地等の狭長な地域又は街区が、丁目、条又は通りにより縦横に区画された場合は線状対象物の注記法で表示することができる。

（道　路）

第68条　道路の名称の表示は、次による。

一　道路の名称は、高速道路、一般国道、有料道路及び都道府県道については、原則としてすべて表示し、街道、通り、専用道路等については、一般によく用いられている名称がある場合に表示する。

二　一般国道は、「国道 15 号」等と表示し、著名な街道名を併記する場合は、線状対象物の併記の注記法により表示する。ただし、国道の注記における文字の配列は道路に直立するようにし、路線番号を示す数字の字隔は 1/4 とする。

三　都道府県道等は、「主要地方道○○・○○線」「○○道○○線」等と表示する。この場合の「○○・○○」のような固有名間の間隔は、1 字大とする。

四　坂、峠、橋等の名称は、著名なもの又は用図上重要なものについて表示する。

五　トンネルの名称は、小対象物の注記法によりトンネルの出入口に表示する。ただし、一見して同じトンネルの出入口と判断できる場合には、いずれか一方に注記するものとする。

六　高速道路のインターチェンジ等は、次の例に準じて略称を注記する。

例）○○インターチェンジ→○○IC
△△ジャンクション　→△△JCT
□□サービスエリア　→□□SA
▽▽パーキングエリア→▽▽PA

（鉄　道）

第69条　鉄道の名称の表示は、次による。

一　鉄道は、固有の名称に従って「○○鉄道」「○○鉄道○○線」等と注記する。ただし、特に字数の多い場合でそのまま注記することが不適当と認められるものについては、略称を表示することができる。

二　駅の名称は、すべて表示する。旅客駅は小対象物の注記法により「○○駅」と表示する。貨物駅、操車場及び信号所の名称は、その景況に従い、小対象物又は地域の注記法により表示する。

（建　物）

第70条　建物の名称の表示は、次による。

一　建物の名称は、表示の対象により小対象物又は地域の注記法により表示する。

二　建物は、固有名を表示するのを原則とする。ただし、特に字数の多い場合でそのまま注記することが不適当と認められるものについては、略称を表示することができる。

（小物体）

第71条　小物体の名称は、著名なもの及び用図上重要なものについて、固有名又は種類を小対象物の注記法により表示する。

（水　部）

第72条　水部の名称の表示は、次による。

一　河川の名称は、線状対象物の注記法により表示する。

二　図郭隅等で線状対象物として表示できない河川については、小対象物又は地域の注記法で表示することができる。

三　湖、池及び沼の名称は、その形状及び広さにより小対象物又は地域の注記法で表示する。

四　海湾の名称は、その呼称される範囲が比較的狭い内湾等に限り、その形状及び広さにより、小対象物又は地域の注記法で表示する。

五　島の名称は、その形状又は大きさにより、小対象物又は地域の注記法で表示する。島の名称と島における唯一の居住地名が同名であり、かつ、島の形状又は大きさにより双方の表示位置が近接する場合には、居住地名をもって島の名称を兼ねることができる。

（水部に関する構造物）

第73条　せき、水門、ダム、渡船発着所等の名称は、その規模に応じて、小対象物又は線状対象物の注記法で表示する。

（諸地・場地）

第74条　諸地・場地の名称は、地域の注記法により表示する。ただし、図上の面積が狭小等のためこれによることが適当でない場合は、小対象物又は線状対象物の注記法により表示することができる。

（山　地）

第75条　山地の名称の表示は、次による。

一　山、丘、尖峰等は、著名なもの又は用図上重要なものについて、その頂上部に対して小対象物及び地域の注記法により表示する。

二　谷及び沢の名称は、線状対象物の注記法により、その字列の中心が谷線上にあるよう表示する。ただし、流水がある場合は、第 72 条（水部）第一号及び第二号の規定に準じて表示する。

（基準点の標高）

第76条　電子基準点、三角点、水準点等の標高数値は、記号の右側に表示する。ただし、その注記位置が他の重要な地物と重複する場合は、適宜移動して表示することができる。

（等高線数値）

第77条　等高線数値の表示は、次による。

一　数値は、主として計曲線、補助曲線及び凹地を示す曲線に表示する。ただし、平坦地で読図上必要な場合は、主曲線に表示することができる。

二　数値は、地形の表現が妨げられない位置に表示し、曲率の大きい尾根及び谷線上には表示しない。

三　数値は、等高線を間断し、等高線と字列の中心を一致させて表示する。

四　表示密度は、基準点を含めて、図上 10 cm×10 cm に 10 個を標準とする。

（説明注記）

第78条　説明注記は、地図記号のみでは状況及び種類が明瞭でない場合に、その種類に応じて小対象物、地域又は線状対象物の注記法により表示する。

（例）　道路、鉄道等の建設中　→（建設中）、（宅地造成中）、（耕地整理中）
（○○工事中）、（工場用地）

建物　→（建築中）

規模の大きい輸送管の種類→（水）、（油）、（ガス）

第3章

第4章　整　飾

第1節　通　則

（整　飾）

第79条　整飾とは、図郭を表示し、地形図の読解に必要な事項等を図郭の周辺に表示して、その内容及び体裁を整えることをいう。

（整飾の表示事項）

第80条　整飾の表示事項は、設計書又は特記仕様書によるものとする。

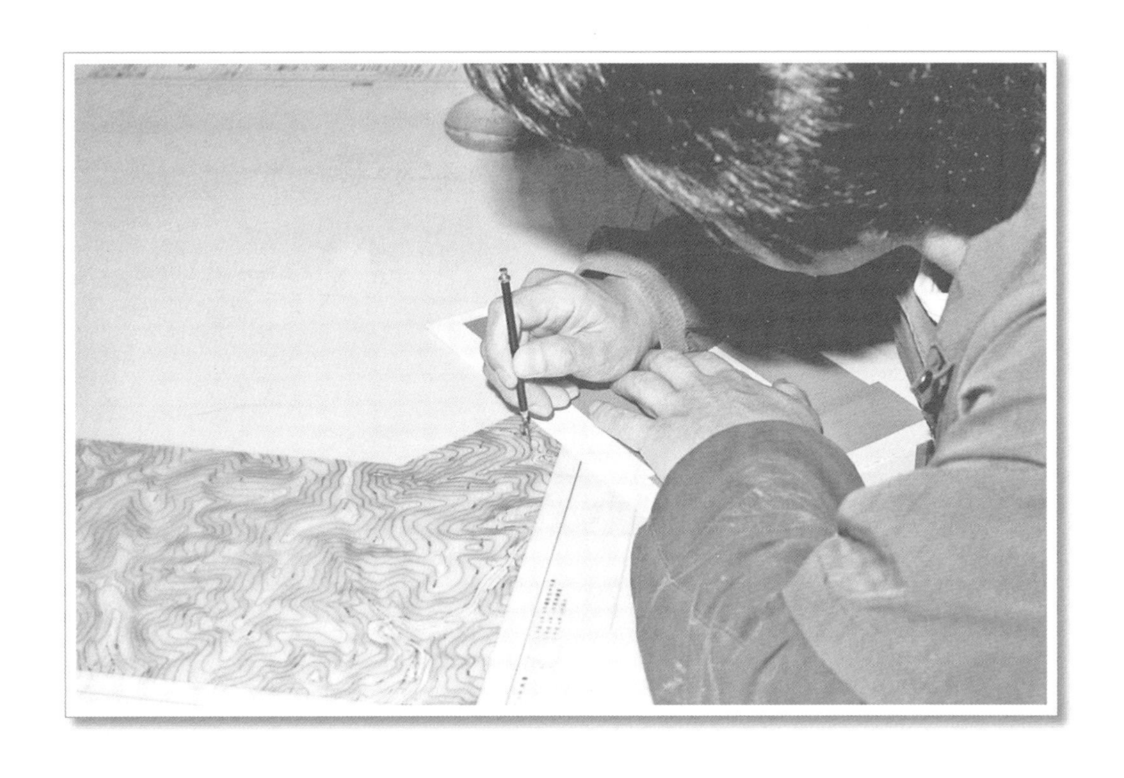

地図と地図編集

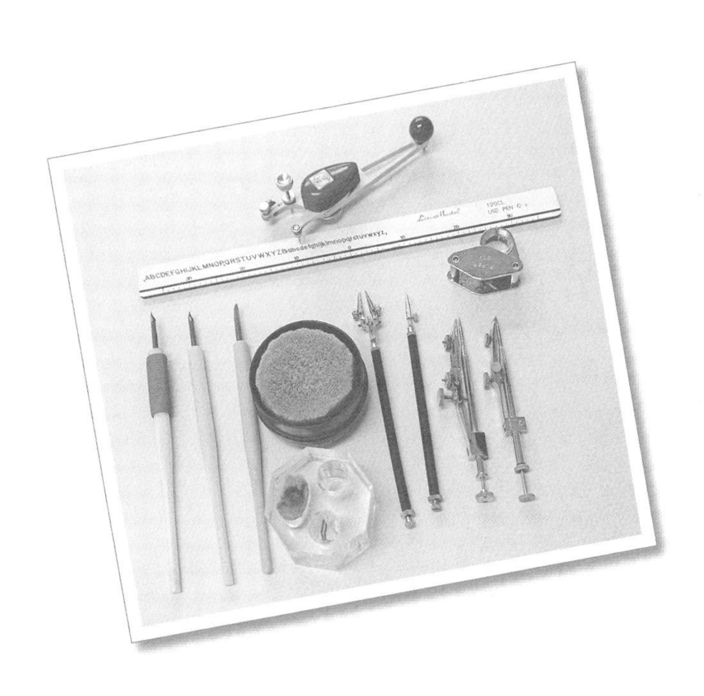

株式会社東京地図研究社 提供

第１章　地図のあり方

本章では、「地図のあり方」として、第１節で地図の定義を確認するとともに、代表的な地図の分類と分類された地図同士の関係を示す。第２節では、地図として社会基盤を担う一般図をデジタルの地形・地物データベース（以下、「地形・地物DB」と記述する）として整備する場合の要件を論じる。最後に第３節で、地図縮尺1/2,500から1/10,000への地図編集を事例として編集技術を整理する。なお、地形・地物DBは、「基盤地図情報」と呼べなくもないが、基盤地図情報は地理空間情報活用推進基本法で規定され、固有名詞として使用されているため、これと区別する意味もあって本章では地形・地物DBと呼んでいる。

第１節　地図とそのあり方

地図とは、地形・地物、さらには地形・地物に加えて社会的事象を、一定の約束にしたがった図として表現したものをいい、地形とは土地の起伏、地物とは土地の上に存在する構造物や植生をいう。社会的事象とは、都市計画区域といった法的に定められた範囲や人口といった統計的な情報等をいう。地形・地物を表現した地図は一般図、社会的事象を表現した地図は主題図と呼ばれ、主題図は一般図を背景に作成されるのが一般的である。一定の約束とは、地図投影、縮尺、記号等の統一をいうが、町内の案内図や小学生の調査図など、約束的な要素が少ないものもある。

公共測量で作成されるのは一般図で、地形・地物の空間的な配置を理解したり、主題図の背景や基図として利用されたりする。このとき、利用の利便性を高めるため、作成する範囲や縮尺、作成範囲の地形・地物の特性などに応じて統一した地図投影や縮尺、記号などを規定したものが図式である。

一般図は、白地図、地形図、基盤図等とも呼ばれる。公共測量では、地形図、あるいはデジタル処理により作成されることから数値地形図、あるいは数値地形図データとも呼ばれる。なお、地形図という呼び方は、今では当たり前となっているが、一般図の中でも三次元的な起伏である地形を等高線等で表現された地図という意味で、一般図の作成が平板測量による方法から等高線等を高精度に測量できる空中写真測量による方法へと移行されたことに起因する。

地図の利用方法としては、デジタル化された地図では、従来から行われていた人が見て（目視で）利用する方法（読図）とコンピュータソフトを使用して解析する方法（空間解析）とがある。また、空間解析した結果は、その結果自体に加え、一般図を背景とし、目視での利用も求められる。現状では最終の意志決定を、人間が行わなければならないからである。

地図を目視で利用する場合には、人が読み取れるように表現する（これを「図式化」といい、アナログ処理では「製図」が担っていた作業である）必要がある。コンピュータソフトを使用した空間解析が行えるようにするには、コンピュータソフトが処理できるデータ構造にする（これを「構造化」という）必要がある。この図式化と構造化は、相反する特性を所持している。例えば道路縁、これに接する構囲があったとき、目視での利用では、構囲だけを図式化すれば、そこに道路縁もあることを人は認識できる。このとき、構囲の始終端が直感的に読図できるように、構囲端の先には微量の白部が設けられる。一方コンピュータソフトでは、構囲が道路縁を兼ねているか否かは、道路縁を兼ねない構囲の存在や道路縁から街区内に連続する構囲の存在といった、さまざまな条件を判定しなければならない。そのため、一般には道路縁は道路縁とし、構囲は構囲として作成され、構囲と道路縁は重複して表現されることになる。このように独立して作成することで、コンピュータにとって空間解析や属性の格納等が可能な情報となる。

このように地図の利用には図式化や構造化、あるいは図式化と構造化の両方が求められるが、相反する特性を持つ両方の処理に対し、どちらにも処理しやすい、理想的にはどちらの処理にも自動処理を実現する地形・地物情報の図式を作るのは容易ではない。

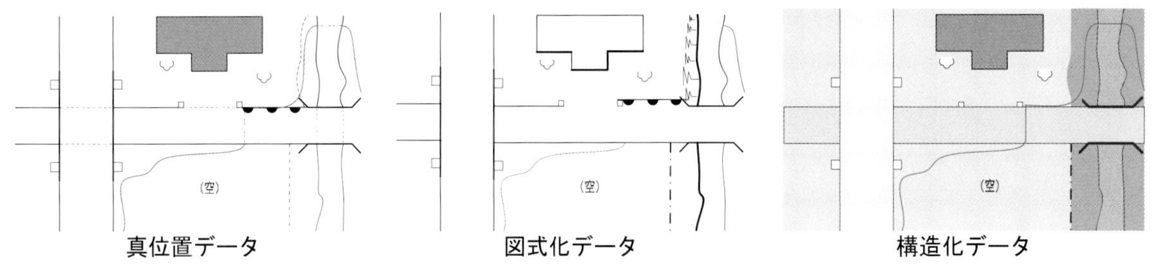

図 1 図式化と構造化の概念

地図は、一般図と主題図という表現内容による分類の他、代表的な分類としては縮尺分類が存在する。縮尺分類では、一般的には大縮尺図、中縮尺図、小縮尺図の三つに分類され、これらの具体的な縮尺については、国ごとの地図整備状況や地図に携わる人の立場によって異なってくる。日本で、公共測量に携わる人の中では、大縮尺図は 500 分の 1 から 1,000 分の 1 、中縮尺図は 2,500 分の 1 から 10,000 分の 1，小縮尺図は 25,000 分の 1 以下と分類されることが多い。一般的には、中縮尺図を例にあげれば、25,000 分の 1 から 50,000 分の 1 が、国土の広い諸外国では 50,000 分の 1 から 100,000 分の 1 が、中縮尺図に分類されることが多い。本書では、公共測量に関連していることもあり、公共測量に携わる人での認識を採用している。なお、デジタルの世界では縮尺の概念がなくなるため、日本では地形・地物の位置精度や詳細度を表す概念として地図情報レベルという用語が用いられているが、地図情報レベルは縮尺と同じ概念として定着しているため、本書では従来からの用語である縮尺を使用している。

表現内容による分類のひとつである主題図は、主題情報の内容によって、その表現に最も適した縮尺の一般図が背景として採用されることから、地図の代表的な分類である表現内容による分類と縮尺による分類は、図 2 のような関連図で表せる。

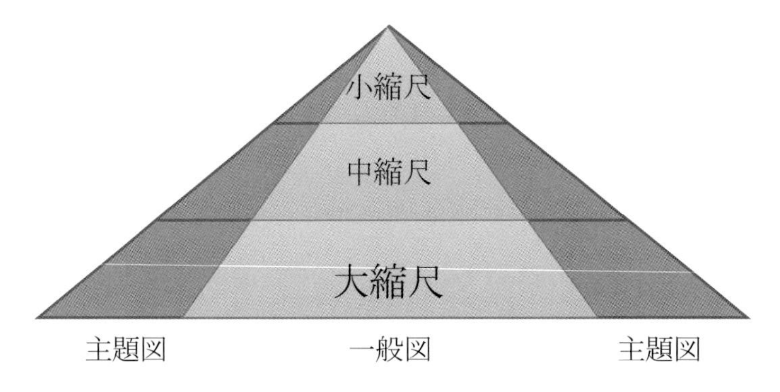

図 2 地図の代表的な分類とその関連図

これらの分類は、地図としての特性も異なってくる。大縮尺図では、地形・地物は真位置で表現され、マンホールや電柱などの点（記号）として表現される小物体を除く地形・地物のほとんどが真形での表現となる。中縮尺図でも、大縮尺図と同様に地形・地物は真位置に真形で表現されることを原則とするが、規模の小さな地形・地物、地形・地物の細かい凹凸形状などは除去されるとともに、近接した規模の小さな建物同士や耕地同士などは、ひとつにまとめられることもある。小縮尺図では、地形・地物の形状は大幅に簡略化されるとともに、規模の小さな地形・地物の省略や隣接する同一地物はひとつにまとめて描画されたり（集約）、道路等は幅員や管理区分などによって設定された記号により表現されたりする。そのため真形を表しているとは言い難くなる。また、狭い範囲に多くの地形・地物を表現しなければならなくなるため、実際の位置からずらして表現する（転位）こともあり、真位置で表現されているとは言い難い側面もでてくる。

このように表示する縮尺によって表現の方法を変えることが、利用者の読図を助ける重要な要素となる。これは、表現の方法が若干は違ってくるが、表現する媒体が紙であってもディスプレーであっても同じである。

現在、地図のデジタル化にともなって、コンピュータディスプレー上で縮尺を変えて地図を表示することは容易になった。しかしながら、単純に表示縮尺を変えても、表示縮尺を小さくした場合には多くの地形・地物が狭い範囲に密集して識別できなくなったり、表示縮尺を大きくした場合には表示する地形・地物が局所的となったりといったことが起こり、利用できなくなったり、誤読させたりすることになる。そのため表示縮尺に応じた表現は重要になるが、表示縮尺に応じて表現を変えるには、次のどちらかの方法を採用しなければならないことになる。

ひとつの方法としては、要求された表示縮尺に適した地図表現に自動処理で図式化することである。しかしながら地形・地物は、縮尺によって必要となるものが異なるとともに、同じ地形・地物であってもデータ構造が異なることもある。あるいは分類が変わることもある。したがって図式化する前に、要求された表示縮尺に適した地図となるように地形・地物を編集しておく（これを「地図編集」という）必要もあるが、地図編集を自動処理で行うことは、図式化を自動処理で行うこと以上に高い技術を要求され、実用的な水準には達していない。

もうひとつの方法は、従来の紙媒体での地図整備に採用された方法と同様である幾つかの代表的な縮尺での地図を用意しておき、要求された表示縮尺に応じ、その表示縮尺に近い縮尺の図式化された地図を表示する方法である。この方法でも幾つかの縮尺の地図整備をするにあたっては、大縮尺図を基図として中小縮尺図へと地図編集によって加工する必要があり、その方法は手作業に依存するところも多く、費用がかさむことから採用されない傾向にある。

このように両方の方法ともに要求された表示縮尺に応じた適切な表現への地形・地物の地図編集や図式化は、技術的にも経済的にも難度が高いことから、現状では現実的なレベルである範囲での対応（技術的経済的に実行できる範囲で地図編集や図式化）が行われている。これはコンピュータを介した地図利用が行われるようになっている現在でも、地図の利用は人が読図によって情報を読み取り、それを使って意志決定し、行動へと繋げていることを踏まえると、表示縮尺に応じた適切な表現が実現できていないことは、小さくはあるが多くの混乱を生じさせ、総合的には社会に大きな損失を与えていると考えられる。

地図編集や図式化の困難さは、地図縮尺に応じて地形・地物の種類や内容が大きく異なるとともに、表現方法が異なってくることにあるといえる。また、人が目視で利用するために必要となる要素とコンピュータソフトによって処理するために必要となる要素が、大きく異なることにもあるといえる。

ここでは異なる縮尺の地図同士、基本的には縮尺の大きい地図から小さい地図への地図編集で生じる課題を、公共測量で最も多く作成されている中縮尺図を想定し、幾つか取りあげて簡単に解説しておく。

コンピュータを利用した地図表現では、これまで任意の縮尺で表示できることが強調されてきた。確かに任意の縮尺で表示することは容易であるが、その表示が利用に耐える適切な表現になっているかは別物である。前述したように、コンピュータに格納された地図が保持する地形・地物の位置精度や情報量に応じた表示縮尺にしなければ、地形・地物が密集したり、逆に局所的にしか表示されなくなったりし、読図が困難となる。したがって現状では、該当する地図が保持する地形・地物の量に対し、より小さな縮尺で表示する場合には、骨格の地形・地物のみを表示する傾向がある。例えば、一段、表示縮尺が小さくなると道路と建物を、次の段階では道路のみを、さらには行政界のみを表示するといった取捨選択である。しかしながらこの方法では、地図が示す地域の景況を捉えるのは困難となる。つまり、その地域を読図することは困難となる。

このような取捨選択による方法がなぜ採用されるかというと、表示縮尺に応じた適切な地図表現を行おうとすると、地形・地物の長さや広さ、高さを考慮した地図編集を行い、その結果を基に図式化しなければならないからである。これは非常に難度の高い処理である。なぜなら、長さや広さ、あるいは高さを考慮して地図編集を行うためには、線は連続する線列になっていたり、広がりは面になっていたり、高さを必要とするものは高さ情報を保持していなければならなかったりする。あるいは、これらを実現する属性を保持していなければならない。しかしながら例えば道路では、敷地への入り口や行き止まりの道路端は、それらが分かるように道路縁は表現しないが、道路としての連続性を確保するためには、表現はしないが道路としては繋がっているという属性を持たせ、その範囲のみの道路縁を用意する必要がある（いわゆる公共測量でいえば間断区分を非表示に設定した道路縁や道路端の閉鎖線）。田や畑といった広さを持つ耕作地では、面としてデータを保持することにより、表示縮尺によっては隣接する同種の耕作地との合成が可能となるが、耕作地の面は別の耕作地の面と接しているだけでなく、ある部分は道路と、別の部分は建物敷地と接していたりし、その部分ごとに耕地界、道路、植生界といった表現をしなければならなくなり、これを実現するには重複してデータを整備したり、複雑な属性を持たせたりしなければならないことになる。高さを表す等高線では、適切な表現が基となる等高線間隔の倍数となっていれば単純な間引きで対応できるが、倍数となっていない場合がある。また、被覆や人工斜面などは、例えば 1.5m 以上の高さのものを表示するといった規定に従うが、この高さを被覆や人工斜面に保持させることが困難なため、高さの基準を使った処理はできない。

長さや広さ、高さといった基準は、図式では数値で示されていることが多いが、その数値は原則であって、実際には地形・地物が存在する場所や重要度によって、地図編集や図式化の内容を変更しなければならない。例えば、橋や石段などは長さが短いといっても、取り除くことは許されない。そのまま残すか、道路に変更するといった処理が必要になる。また、道路や河川の幅が狭いからといって、その部分のみを省略すると連続性が損なわれ、利用に支障を来すことになる。例えば、歴史的な地物等の重要な施設や位置は目標となりやすいため、小さくなっても表現する。

注記についても、図式では大きさや長さによって表示する基準が定められるが、縮小して表示する際には単に対象とする地形・地物の大きさではなく、目標として重要なものであるかも問われる。また、行政名や道路名といった注記では、その表示される範囲の広がりや長さが表示縮尺によって異なってくるため、対象となる行政範囲や道路が表示される範囲に応じて注記の表示場所を調整する必要があるが、行政界は面、道路は一本の線といったデータ構造になっている必要があり、そのような構造のデータを用意するのも負荷が非常に大きい。さらに注記は、ある大きさから記号として表現しなければならないものもあり、それを判断するための情報が用意されていることが必要で、それらは多くの場合、長さや広がりの情報となるため、用意することは前述のとおり困難である。

長さや広さ、高さだけでなく、地形・地物の相互関係を考慮しなければならないものもある。例えば並木やタンクといった地物は、並んで、あるいは集合して存在するが、その景況が縮小した表示でも人が理解できるようにするには、表示縮尺に応じて意匠的に配置し直されること（集約）が求められる。このとき表示される並木やタンクは、位置的な精度はなくなるが、利用者にとっては読図しやすい表現となる。

地形・地物の相互関係には、単に縮小によって表示する長さや広さが短くなったり狭くなったりしたという判断基準だけでなく、同種の地形・地物が近接する場合には、それらと統合した長さや大きさでの判断を求められる場合もある。例えば市街地の密集した道路では、脇道は省略されていく。隣接した建物は、ひとつにまとめられていく。しかしながら地形・地物の相互関係は複雑で、適切な処理には作業者の判断に頼らざるを得ない。

図 3に紙媒体として作られてきた地図の事例を示す。**図 3**は、埼玉県飯能市の市街地を中心に幾つかの縮尺の地図を示したものである。(a)1/200,000 では、道路・鉄道・河川・等高線（断彩）といった骨格情報によって表現されている。また、駅はひらがなで注記することにより、他の注記と区別されている。このような文字の種類の使い分けは、注記が密集する(c)1/25,000 まで行われている。(b)1/50,000 では、総描とも呼ばれる総合描示によって飯能の中心市街が、黒抹（こくまつ）記号（短辺が 1mm 以下の独立家屋）による建物表現で飯能の郊外が表現されている。(c)1/25,000 では、中心市街地の構造まではっきりと表現されている。(d)1/10,000 では、建物一棟一棟、全ての道路が表現されている。(e)1/2,500 では、建物や道路の形状まで表現されている。それぞれの縮尺に応じて地形・地物が表現され、縮尺に応じた理解ができる。

図 4は、都市計画図(1/2,500)の道路と建物のみを表現したものである。(a)では元図と同じ 1/2,500 で表示されている。(b)は、(a)をそのまま 1/25,000 に縮小して表示したものである。地図がぼやけて何が表現されているかを判読するのは困難である。(c)は、(a)を 1/25,000 に編集して表示したものである。街の骨格（道路）と建物（黒抹記号）の点在を判読することができる。

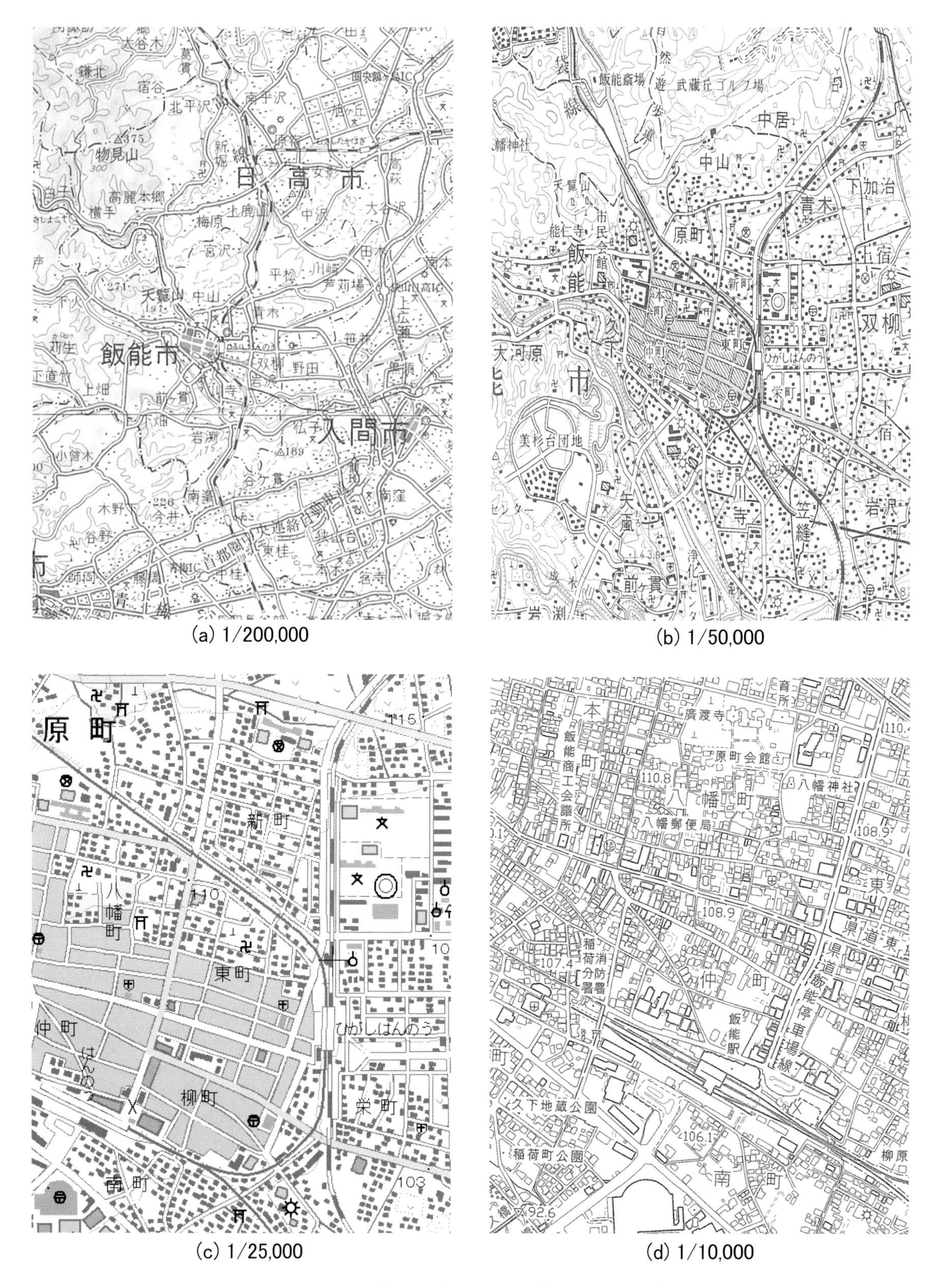

(a) 1/200,000　(b) 1/50,000

(c) 1/25,000　(d) 1/10,000

図 3　縮尺に応じた地図表現(次項に続く)

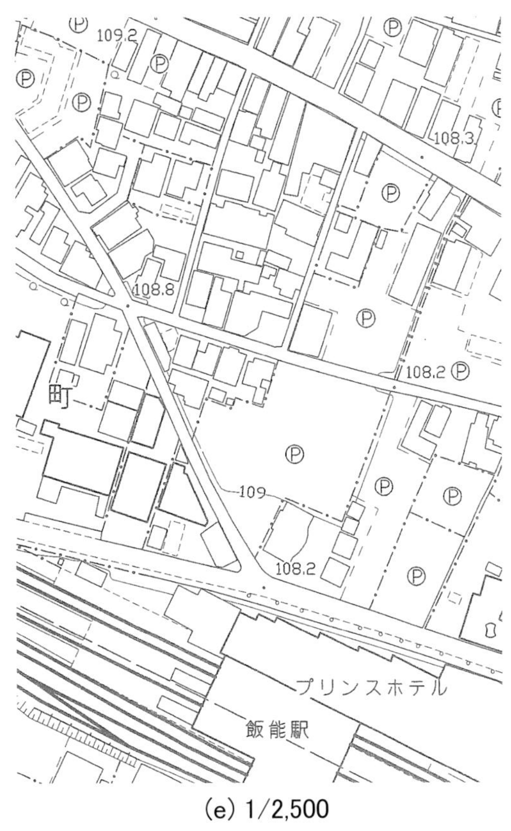

(e) 1/2,500

図 3　縮尺に応じた地図表現

(a)から(c)は、国土地理院発行の 20 万分 1 地勢図（東京）、5 万分 1 地形図（川越）、2 万 5 千分 1 地形図（飯能）を使用したものである。(d)と(e)は、飯能市発行の都市計画図を使用したものである。

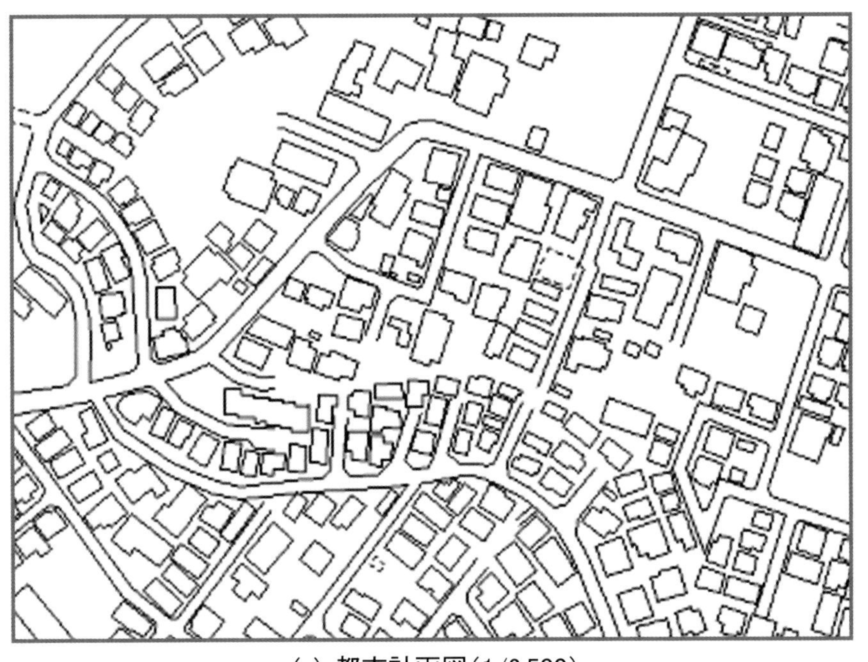

(a) 都市計画図(1/2,500)

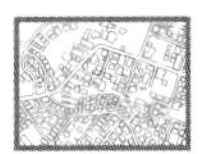

(b) 都市計画図の単純縮小(1/25,000)

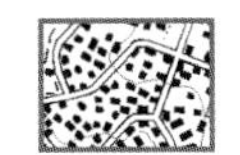

(c) 地形図(1/25,000)

図 4 同一範囲の縮尺別表示

第２節　地形・地物 DB と一般図の要件

デジタル処理においては、必要に応じ、地形・地物 DB から地図編集と図式化により一般図を作成したり、地図編集と構造化により主題図を作成したりできるのが理想である。この理想的な地図整備の構造を実現するためには、地形・地物 DB はどのようにあるべきだろうか。地形・地物 DB の役割を担う一般図について論じる。

地図について書いた本はたくさんあり、その中には一般図について書いた本もそれなりに存在する。だが、一般図について書いた本は一般図を作成するための技術書ばかりであり、一般図のあるべき姿（要件）については地図の分類や作成方法が紹介されている程度である。

地図は文字より歴史が古いといわれる。その長い歴史の中で、徐々に地図のあるべき姿（要件）が醸成されてきて今日に至ったものと思われる。例えば伊能図は、日本で初めての科学的な地図といわれているが、その内容は海岸線と主要道路、そして地名となっている。明治に入ると平板測量が導入されて地物が網羅的に描画されるようになるが、地形は絵画的であった。地形・地物が網羅的に描かれるようになるのは第２次世界大戦後の空中写真測量の実用化によってである。空中写真測量は、統一した縮尺・図式での一般図の全国整備にも大きく貢献している。その後、デジタル化が始まると縮尺（位置や高さの精度）が異なる地形・地物・注記が同梱された一般図や主要な地形・地物・注記だけで構成される一般図、さらには作成年月が異なる地形・地物が同梱されて作成年月が特定できない一般図、図式に規定されている地図表現については利用システム（GIS など）に委ねるといったデジタルならではの特性を活かした一般図が作成されるようになる。

しかしながら一般図を、地形・地物・注記が客観的に描かれていることによって、描かれた土地の景況を直感的に誰もが読み取れる、あるいは多種多様な主題図の基図となったり背景図として利用されたりする地図とすると、前述のようなデジタルならではの特性を活かした一般図は、本来の地図に求められる地図のあり方を阻害してはいないかという疑問が湧いてくる。

それでは、一般図はどのようにあるべきか。

専門書を開いたり、専門家に問うてみたりもしたが、一般図のあるべき姿は、現時点では発見できなかった。わずかに関連する記述として金窪敏知著『現代理論地図学の発達』の中で（12 頁）、ドイツのハイデルベルグ大学のヘットナ教授の著作に「地図内容の読図性、概観性および同時性は、文字による表現が果たしえない地図の長所である」（独文省略）という記述が紹介されている。改めて論じるまでもないことだからかもしれないが、地図に求められる読図性とは何か、概観性とは何か、同時性とは何かの記述はない。日本国際地図学会編『地図学用語辞典』にも記述はない。おそらく、読図性は地図から地形・地物が読み取れること、概観性は地図から地域の特徴が読み取れること、同時性は地図が特定の時点のみを表現したものであることを、それぞれ意味しているものと思われる。

日本測量協会編『現代測量学（実用地図学）』では、地図編集による地図作成の代表的な技術である総描を次のように記述している。

① 地表の形態と縮尺に見合った相似性を保つようにする。
② 表示する対象物の特徴を失わないようにする。
③ 編集者個人が熟知している対象物の総描にあたっては、とくに客観的な判断で総描を行う。
④ 必要に応じて、図形を多少修飾して現況を理解しやすくする。
⑤ 基図との縮小率を考慮して総描を行う。

⑥ 総描の度合いが過ぎて著しく現況とかけはなれないようにする。

③は、主観的になりやすいことを戒めている。④は、幾何学的な正確さよりも理解しやすさを優先している。いずれにしても具体性には欠けるし、10 行に満たない文章で読図性が確保できるようになるわけではない。

地図作成では長い歴史の中で地図のあるべき姿を経験的に醸成し、利用方法とのせめぎ合いの中で暗黙知として時代の技術進展に応じながら地図作成者に伝承され、今日に至ったのであろう。そして、デジタル化は新たな地図の可能性を創出し、その可能性の中から、複数かもしれないが、デジタルに相応しいあり方が模索されているのが現状である。その中で、主題図の読図性は作成者が負うべきだが、一般図は誰もが読図でき、主題図の基図となる統一した基準（図式）で作成される必要がある。この統一した基準が、これまで図式と呼ばれてきたものであるが、この図式は一般図を紙上に表現するために開発されたものである。現在では、デジタル化に伴い分類や座標一致などデジタル処理に適用できるように改訂されているが、コンピュータに取り込んだ後、アナログ処理で技術者が経験的にやっていた処理をデジタル処理で対応できるように改訂されているわけではない。新たに出現したデジタル処理での修正図や縮小図の作成、主題に適したデータとしての提供といった作業を考慮して改訂されたものではない。これらは今後の課題として将来に委ねられている。

では、デジタル処理に相応しい一般図の統一基準とは何だろう。まずは地図が備えるべき特性を明らかにする必要があるだろう。地図が備えるべき特性とは、一般図を作成する準備段階に必要となる投影法や地図縮尺の決定といった一般図全体を通して兼ね備えなければならない性質である。この特性を実現するための基準が必要となる。一般図作成の流れに沿って整理すると、地図縮尺に応じて実際に一般図として表現するための地形・地物・注記の採用基準が必要となる。さらに、採用された地形・地物を、地図縮尺に応じ、読図に誤解を紛れ込ませないように統一した形状に整えるための基準が必要となる。採用基準は、図化時の描画基準であり、空中写真や基図データから描画や複写されるが、そのままの形状では不揃いであったり、当該縮尺に適した表現でなかったりする。そのため次の工程である編集作業で、統一した大きさや長さになるように形状を整え直す正描基準が必要となる。この後、アナログ処理では製図により読図しやすい表現に描き直される。デジタル処理でも、デジタルデータは線号や形状を保持していないために同様の図式化と呼ばれる描き直しが必要となるが、図式化を自動処理で実現しようとすると、基の一般図のデータには図式化に供するデータ構造になっていることが求められる。デジタル処理では、図式化以外にも、経年変化部分を更新する修正図の作成や、より小さな地図縮尺のデータに加工した縮小図の作成、主題図を作成するための基図や背景図としても供せられることが望まれる。修正図や縮小図、主題図の基図や背景図を、一般図から自動的に供せられることの利点は多い。この利点を享受するためには、一般図は加工のために必要となる要素を兼ね備えていなければならない。そして、最後にでき上がった地図には、読図による人の意志決定が求められることから、地図表現のための基準が必要となる。

そこで、ここでは一般図が備えるべき要件、特にデジタル地図として整備するときに一般図が備えるべきものを表 1のように整理し、それらの要件を検討した。

(1) 地図として備えるべき特性

地図として備えるべき特性としては、表現方法や内容が統一されている**同一性**、空白地帯がなく全域が作成されている**網羅性**、ある瞬間が切り取られた状態とする**同時性**、修正図や縮小図、主題図や原図表現への加工を容易とする**加工性**、人が直感的に理解できるようにする**読図性**があげられる。

表 1　一般図が備えるべき要件

地図として備えるべき特性		
同一性	表現方法や内容に統一性がある	
網羅性	空白地帯がなく全域が作成されている	
同時性	ある瞬間が切り取られたものである	
加工性	修正図や縮小図、主題図や原図表現への加工が容易である	
読図性	人が直感的に地図を理解できるように表現されている	
採用のために必要となる基準		
適用基準	**大きさ**	広がりがあるものの基準
	長さ	長狭なものの基準
景況基準	**永続性**	長年に渡って存在することが見込まれるもの
	密集度	小さくても密集して存在するものの基準
	連続性	繋がっていることが分かることが重要なもの
	目標性	小さくても位置を特定する好目標となるもの
	継続性	修正する場合の旧図表現の優先
形状を整えるために必要となる基準		
融合	小さな形状を大きな形状の中に取り込むための基準	
強調	特徴を際立たせるための基準（例えば尾根・谷）	
相似性	表示縮尺に応じた簡略化における相似性を確保するための基準	
加工のために必要となる基準		
論理一貫性	論理的に一貫した分類やデータ構造、表現となっている	
連続性	線データが繋がっていること／重なっている	
結線	隣接する図形が座標一致で結線されている	
分類属性	地形・地物が分類されている	
時間属性	地形・地物が取得や修正、削除された履歴を保持している	
読図のために必要となる基準		
表示位置	表示位置の基準（真位置、転位、安全性、意匠性）	
正射影	投影方向の基準	
上下	上下関係にあるものの優先基準	
有形／無形	有形地物と無形地物としての表示の基準	
視認性	視認できるための基準（微量の白部、暗影光輝、字形・字大など）	

同一性とは、地形・地物・注記の作成時の基準となった座標系や投影法、縮尺といった表現方法や地形・地物・注記の表現内容が、統一されていることである。これらは通常、図式によって規定される。デジタル化に伴って投影法や縮尺は自在に表示できるようになるとともに、地形・地物・注記も表示するかしないかを選択できるようになった。しかしながらこれらは表示システムの機能であり、地形・地物 DB では同一の縮尺（実際には「精度」）や投影法で格納されるか、個々の要素が精度や投影法を保持し、同一の縮尺や投影方法で表示される必要がある。

また、デジタル化では重畳表示が容易となったため、地形・地物・注記を個別に作成したり部分的に作成したりできるようになった。そのため地形・地物・注記の相互関係が整合するような基準が必要となっている。

このように表現方法や表現内容を統一することで、利用者の混乱を避け、円滑な利用を促せる。

網羅性とは、作成地域の全域が網羅的に作成され、作成地域の中に空白地区がないことをいう。

網羅性を確保することにより、周囲との相互関係に基づいて必要とする位置を特定できたり、空間的な広がりに基づいて行われる空間解析が可能となったりする。

一方、網羅性が確保できていない、つまり限定された地形や地物のみで一般図が作成されている（これを「骨格図」と呼ぶこともある）と、当然のことながら不足する地形や地物があるため、全体を読図することができなくなる。また、限定された地形や地物のみの表現は、似た形状の図形が点在することになり、空間的な関係が分からなくなる。例えば、道路と建物のみの一般図があったとすると、交差点が少なかったり、建物の敷地が広かったりすると、空間的な把握の基準を見つけられなくなり、読図がしにくくなる。

特に現地で一般図を利用しようとした場合、現地では直接見通すことができなかったり、近づかなければ把握できなかったりするため、使い勝手が悪くなる。

また、地形・地物が表現されない場所が発生するが、その場所に本当に限定して表現しようとしている地形・地物がないのか、誤って表現されていないのかの判断がつかず、一般図の信頼性を低下させ、利用されなくなることになりかねない。

同時性とは、ある瞬間で地形・地物・注記が切り取られたものであることをいう。

地図は、作られたその瞬間から地形・地物・注記の経年変化によって古いものとならざるを得ない宿命にある。したがって利用者は、作成後の経年変化を意識しながら、経年変化しているところを確認して頭の中で地図を修正しながら利用する。ところが、一貫性のないまま部分的に地図を更新すると、ある部分は最新であっても、ある部分は古いままの地図ができあがって、利用者は経年変化を頭の中で修正する基準（作成年月）がつかめず、読図に混乱を来してしまう。つまり、地図が作成された時点の現実世界を読み取っているだけでなく、作成時点から見た過去や未来も読み取ろうとする利用者の読図を阻害するといえる。

デジタルでは同時性の重要性は、より明確である。地図に同時性が確保されていないと、いつの時点の結果であるかの根拠を示せない。さらには最新の状態に修正されているところと古いままの状態に放置されているところでは、空間解析の結果が異なってくる。これでは、空間解析の信頼性が保証できないだけでなく、空間解析自体の意義をなくしてしまう。

もちろんデジタルの場合は、重要な地形・地物・注記のみでも経年変化した部分を修正することも行われていて、利用者への利便性を高めている。そもそもWebGIS等では、例えば日本全国といった広域で地図が提供され、そこに表現されている地形・地物・注記の作成時点を統一することは不可能である。これからするとアナログの場合は、単に経済的合理性から一括で作成してきたともいえる。ただ、デジタルでは、広域の場合は小縮尺で骨格となる地形・地物・注記のみが、狭域の場合は大縮尺で部分的な範囲のみが表示されるため、それぞれの表示においては同時性が確保されているといえる。高速道路といった骨格となる地物の迅速な更新は、広域の移動には有益である。これも地物毎の利用であるため、その地物においては同時性が確保されているといえる。このような同時性の確保には、作成年月といった属性を個々の地形・地物・注記が所持していなければならないことになる。

加工性とは、地図を最新の状態にするための経年変化部分の更新、縮小図を作成するための小さな縮尺でも表現できるようにする編集、主題図のために必要となるデータの提供、主題図を作成するためのデータの構造や分類の変更（構造化）、地形図原図や紙地図のための読図に最適な表現への変更（図式化）といった加工が容易であることをいう。

アナログでは、修正図なり縮小図なり地形図原図なり、当然のことではあるが全て人が読図しながら加工してきた。そこには読図のしやすさもあったが、長い歴史の中で洗練されるとともに、高い技術集団のもとで、限定された組織でしか作成されてこなかったために一般図の読図のしやすさは確保されてきた。したがって、加工性に対する議論の必要性は少なかった。

デジタル化にともなって利用方法が劇的に拡大したが、それらの利用に耐えるように加工するとともに、最新の状態に更新していくことは、非常に手間の掛かる仕事である。その理由としては、利用方法ごとに求められるデータの構造や分類が違うことがあげられる。顕著な例としては、地形図原図は人の読図に供せられるような加工が、主題図はコンピュータでの空間解析に供せられるような加工が、それぞれ求められるが、これらは相反するデータ構造を要求するところが多い。例えば読図では、異なる地物同士の接合部分には微量の白部を要求するが、構造化では、連続的にデータを追いかけられてネットワークや面を作成できるように座標一致で接合されている、あるいは位相情報が別途作成されていることを要求する。デジタルでの加工性の向上は、別の一面として修正の効率化にも大きく貢献する。つまり、一般図が修正されたとき、その一般図から派生した縮小図や主題図を、自動的あるいは効率的に更新できることを意味するからである。

読図性とは、人が地図を読んで直感的に現実世界を想像できるように表現されていることをいい、現実世界を想像できるように地形・地物・注記を採用するとともに、採用された地形・地物・注記が読み取れるように修飾することを含む。

紙地図での利用は、人が読図して利用するため、直感的に現実世界を想像できるように表現されていることは当然のことながら重要な要素であり、地図の発達の中でも重要な要素の中のひとつであった。

デジタルでの地図利用においては、拡大・縮小表示が可能であったり、属性を表示したり、線や塗りつぶしの色が設定できたり、音声で道案内ができたりと、多様な方法による表現が可能となっている。しかしながら、表示する画面の大きさが小さかったり、解像度が低かったりする。また、表示縮尺が自由に変えられる一方、多様な縮尺表示に耐えられるだけの地形・地物・注記DBや表現機能が備わっているわけではない。したがって、未だ読図による利用が主であることを踏まえると、デジタルでの地図利用には読図性の高い表現で一般図を提供する必要性は高いといえる。

(2) 採用のために必要となる基準(何を表現するか)

一般図として採用する地形・地物・注記の基準は、基本的なところでは**大きさ**と**長さ**で決められるが、大きくても長くても**永続性**がなければ採用しない。一方、小さくても短くても、**密集度**が高かったり、連続するものの一部として**連続性**を確保する必要があったり、周辺に目標とするものがないところでは**目標性**を確保するために採用される。また、修正測量の場合は**継続性**を確保するため、例え図式と違っていても旧図が採用している基準を採用する。このように一般図として採用する地形・地物の基準は大きさと長さであるが、これに反して採用しなければならないものもある。

本書では、大きさや長さで適用される基準を**適用基準**、永続性や密集度、連続性、目標性といった状況によって決める基準を**景況基準**と呼ぶ。景況基準は、適用基準で不採用になったものでも、一般図の表現としては必要として採用するための基準である。このように一般図では、一定の基準で適用できない地形・地物を採用する必要があり、論理的に一貫しているとは言いがたい側面がある。

大きさの適用基準は、基本的には面積ではなく縦横の長さ(図上○mm×○mm、図上○mm 平方)や短辺の長さ(図上○mm 以上)で規定される。また、その一般図としての表現の目標性から大きさの基準を持たず全てが採用されるものもあり、これらは極小記号で表現される。このような規定の仕方は、大きさを具体的に想像できることもあるが、面積が大きくても細長ければ表現が困難となり、一般図の表現に採用できないためである。短辺で規定されるものには、建物などがある。

長さの適用基準は、基本的には一般図に採用するか否かを決定する最も短い長さで規定される。また、高さや傾斜が同時に規定される。例えば、構囲では最低の高さが、人工斜面では最低の高さと最低の傾斜が規定される。

なお、大きさや長さの適用基準は、景況基準が優先されるため、基準値は厳密ではない。

永続性の景況基準では、一般図が使用される期間、通常は５年以上、耐えうる永続的な地物を対象とする。永続性の基準から不採用となる代表的なものがビニールハウスであるが、この他、イベント用の一時的な巨大テントや工事現場の飯場などがあげられる一方、一見移動体であるがバスや電車の車両を改造して恒久的に飲食店として使用されているものは採用となる。

密集度の景況基準では、大きさが小さいものであっても集合して多く存在して目立つ存在である場合には、景況を表現する。例えばタンクや並木があげられる。このとき、タンクや並木は極小記号で表現できれば、真位置に極小記号で表現するが、そうでない場合には意匠的に配置する。なお、これらはある程度、地図縮尺が小さくなってから採用される基準であり、施設管理等に利用されるような大縮尺図の場合には真位置表示が可能となる。

連続性の景況基準では、道路や鉄道といった長狭地物において、図式規定上で道路や鉄道同士をつなぐ橋（道路では石段も）の長さが、例え採用基準に満たなくとも、道路や鉄道として置き換え、連続的であることを示す。主要な地点同士をつなぐ道路は、道路幅が採用基準に満たなくとも表現する。河川においては、部分的に川幅が採用基準に満たないところは無視して連続的に表現する。建設中の道路や鉄道といった一般図作成時点では存在しないもの、トンネル内の道路や鉄道といった一般図において地表面の地形・地物を正射影で表現するという基準に適用されないものも破線などの漠とした形状で表現する。

目標性の景況基準では、小さくても短くても位置を特定する好目標となるものは採用する。好目標として図式に規定されているのが小物体であるが、これに限るものではない。例えば、小規模の家屋であっても、周りに目立った地物がない場合には採用する。地形の傾斜が緩やかで、計曲線や補助曲線の間隔が広い場合には、特殊補助曲線や図化機測定による標高点で表現する。

継続性は修正測量の際のみに適用される基準で、どのような事情によるかは問わず旧図の表現が図式と異なっていれば、旧図の表現を採用することをいう。例えば、旧図で高さの低い構囲が表現してあれば、それにならって低い構囲も表現する。これにより一般図全体の統一性を確保し、利用者に混乱させないようにする。利用者は、一般図全体が統一した図式で表現されているという前提に立つからである。なお、図式の規定と旧図の表現が異なる場合は、図式の規定を見直すか、特記事項として相違箇所を図式に添付しておく。

(3) 形状を整えるために必要となる基準（どう表現するか）

一般図に表現するものとして採用された地形・地物は、空中写真や既存図から描画される。このとき空中写真や既存図は、作成しようとしている一般図からすると、解像度が高く地図縮尺が大きいのが基本である。また、空中写真の解像度にしたがって写っている地形・地物に、既存図の地図縮尺にしたがって表現されている地形・地物に、それぞれ忠実に描画されることになる。したがって、作成しようとしている一般図の表現としては細かすぎることになり、地図縮尺に応じた読みやすい形状に整形する必要が生じる。この整形は、融合、強調、相似に分類できる。

融合による整形とは、小さな形状を大きな形状の中に取り込む方法であり、具体的に大きさや長さが融合基準として示される。標準的な例では、建物や河川、植生界などに適用され、読図できないような小凹凸が、基の形状との相似性を考慮されながら凹部を除去するのか、凸部を除去するのか、あるいは凹部は膨らませ凸部はへこませて平均化するのかといった判断をしながら正描される。

強調による整形とは、人の認識に近い形状や人が理解しやすい形状に、地形・地物の特徴を際立たせるための基準であり、通常は暗黙的に実施されている。例えば、建物は角が直角になるように補正される。空中写真から描画された位置が精度は高いが、隣接する建物辺同士が直角になるように補正することで、建物らしさを表現する。また、建物は、道路に面している辺を道路縁と平行にすることで、町並みを理解しやすく表現する。道路縁同士は、平行にすることにより、建物の直角補正同様に、道路らしさを表現する。日本の山地は植生に覆われていることがほとんどのため、地形表現に重要となる尾根・谷は、その形成要因を考慮して表現する必要がある。一般には、尾根を表現する等高線は尾根筋が現れるように緩く巻き、谷を表現する等高線は谷筋が現れるように鋭く切り返す。また、尾根線と谷線が滑らかに連続した形状とする。これにより地形が、立体的に浮き上がるような表現となり、直感的に尾根や谷を読み取れるようになる。

相似による整形とは、融合や強調を行う際に基の地形・地物と表示縮尺に応じた相似であることを意識した編集をすることである。栃木県日光市のいろは坂の地形図での表現が有名な例で、連続するヘアピンカーブは、実際より少ない数で正描されている。

（4）加工のために必要となる基準（機械にどう伝えるか）

一般図の利用方法は、大きく分けて三つある。ひとつは紙印刷や画面表示を人が**読図**により利用する方法、二つ目はコンピュータをはじめとする機械に**解析**させて利用する方法（空間解析や経路探索など）、三つ目は修正図や縮小図を作成するための**基図**として利用する方法である。これらの読図、解析、基図としての利用を促進するためには、これらの利用に応じて一般図が加工しやすくなければならない。できれば自動で加工できることが望まれる。

一般図の加工は、図形の加工であり、具体的には面やネットワーク、不整三角網(TIN)、グリッドなどがあり、これらの図形への加工は幾何計算によって処理される。この幾何計算は、計算誤差と例外景況に対するロバスト性を持たせなければならない。なぜなら図形の位置関係（位相）は幾何計算によって判定することが多いが、その判定は計算誤差の大きさとは無関係に発生するためである。また、地形・地物の相互関係は複雑で、それらの組み合わせを全て考慮するのは困難なためである。

この計算誤差や例外景況をなくすには、どうすればよいか。**計算誤差**に対しては、検索のみで地形・地物同士の関係付けができるように座標一致で接合し、連続性を確保することと考えられる。**例外景況**に対しては、どのように加工するかによって例外の定義も異ならざるを得ず、一意に決めることは困難であるが、地形・地物の相互関係の単純化に努めることが有効と考える。これに加え、当然のことながら分類の正確さを確保し、データ構造の統一性も加え、データの論理一貫性を高めることであろう。

また、既存図からの修正測量による加工を考えると、**時間属性**の保持も重要となるであろう。

以上、一般図の加工について論じたが、現実には主な加工は紙印刷のためのものであり、解析のための加工は通常は、建物や街区、行政界、まれに道路や耕地が面構造に加工されるぐらいであろう。これらも地形・地物が限定されるとはいえ、その相互関係が完全に単純化されるわけではないので対話処理による編集は必要とし、どのシステムでも一括して自動処理ができるようになっているわけではない。修正図や縮小図の作成も、基本的には対話処理で行われている。これらは、単に計算誤差や例外景況のみによるものか、それ以外の要因があるかも不明である。また、さまざまな加工が実現できたとしても、それを利用する需要があるのか不明である。両面からのアプローチによる検討が必要である。そして、地形・地物・注記データのあり方を定め、標準化していく必要がある。

(5) 読図のために必要となる基準(人にどう伝えるか)

現状、多くの場合、地図利用は、読図による人の意志決定を必要としている。したがって、いかに地図を読みやすくするかも重要であるが、読図の受け止め方は利用者の経験や知識によって違ってくる。そのため作り手としては、論理的な基準に基づいて表現を豊かにし、直感的に誰もが理解できるような地図作りが必要となる。ここでは、紙地図作成のために培われてきた一般図を読図するために必要とする基準を紹介する。

投影の基準は、当然のことながら**正射影**である。これは、表示位置の観点からすれば、**真位置**での表示となる。ただし、真位置表示が困難な場合には、**転位**や**意匠的配置**、**記号表示**を行うこともある。

転位は、森本久弥著『地図編集』(1976、日本測量協会刊、p.174) によると、一般的な基準を次のとおりとしている。

① 地物と地物との相関関係は常に原形に対して相似関係を保つように編集する。
② 基準点は絶対に転位しない。
③ 自然物は原則として転位しない。
④ 有形線と無形線が競合した場合は有形線を真位置として無形線を転位する。
⑤ 自然物と人工物が競合した場合は自然物を真位置として人工物を転位する。
⑥ 人工物同士が重複する場合は、その中心を真位置としてその両側に転位する。
⑦ 多くの地物(河川、道路、鉄道、堤防等)が近接してそれぞれが真位置に表示できないときは、自然物を真位置として、順位に誤差の累積を消去するように努める。この場合許容誤差の範囲内で鉄道を真位置としてその両側に誤差を配布することもできる。

意匠的配置を行うのはタンクや並木のような集合して存在する地物で、記号表示を行うのは、正射影表示は困難だが、一般図としては表現する必要がある小物体であり、その原点を真位置に表示するか、真位置での表現が困難な場合には、原点を示す指示点を描画する。また、海岸線や河川などの水涯線は常に場所を移動しているともいえるため、海岸線は安全側、つまり満潮時を基準とし、河川は平水時を基準としている。

正射影を投影の基準とするため、当然のことながら上下に存在する地物の表示が問題となる。**上下関係**にあるものは、上を優先基準とする。そのためデータ上は、上下関係にあるものは高さを持つか、上下関係を示す属性を保持する必要がある。

道路や建物、構囲といった実在する地物(これを「**有形地物**」という)は、基本的には交差しないという前提に立っている。高速道路と一般道、道路と河川など、実際には交差している場合があるが、このような場合は上下関係に対する基準が優先され、上にあるものが表示される。

有形地物に対し、等高線や行政界など、現実には存在しない地物は、**無形地物**と呼ばれる。無形地物は現実には存在しない地物であるため、有形地物とは交差することがある。したがって、その場合は重複させて表示する。ただし、急斜面の等高線のように等高線同士の間隔が狭くて等高線を表現できないような場合は、有形地物(急斜面)を優先して表示する。道路縁と重なる行政界のように重複させると読図ができなくなるような場合は、行政界（無形地物）を転位させて表示する。

この他、視認性を高めて読図しやすくするため、幾つかの基準がある。

線状地物同士の端部には**微量の白部**を設ける。微量の白部を設けることにより、線状地物の始終端が明確になる。

地形から突出した建物や地形から沈下した河川は、あたかも西北の方向に太陽があるかのように、影をつける。つまり、建物の東側と南側の辺、河川の西側と北側の辺は、それ以外の辺より太い辺で表現して陰を演出する。これにより二次元の地図上でも立体的に見えてくる。これを**暗影光輝**と呼ぶ（図 5）。なお、西北の方向に太陽を置くと立体的に見えるのは、人類は進化の中で太陽によって上から光が照らされる環境で地形・地物を立体的に捉えてきており、その同じ環境が地図上でも再現されているためと考えられている。

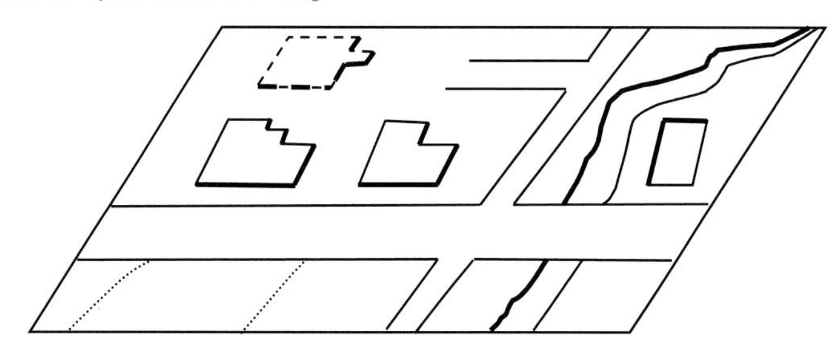

（立ち上がって見えるのは建物、沈んで見えるのは川やプール）

図 5　暗影光輝による表現

形状を整えるための基準の中で強調として紹介した尾根谷の表現も、等高線を用いて地形を立体的に読図できるように視認性を高めたものである。

注記については、有形地物（例えば駅）や無形地物（行政名）、有形地物の大きさや長さ、といった基準で字形や字大、字隔を変更する。これにより同じ文字であっても、何を説明した文字であるかが分かるようにする。

第３節　地図編集技術

本節では、地図編集技術について具体的な解説を行う。地図編集技術とは、総描とも呼ばれる総合描示のことで、地図を単純縮小し、縮小した縮尺で地図としての表現を実現する技術、つまり総合して読みやすい図形に表現し直す技術である。

地図を単純に縮小した地図は、図形や文字が小さくなったり、地図情報が錯綜したりして読めなくなる。そのため取捨選択や転位など様々な編集作業を行って、読めるように加工する。

これらの技術について既刊の専門書では、アナログ処理では転位のように優先順位やあるべき転位量が明文化されているものもあるが、他は本書第 2 節（5）であげた基準の定義を示す程度である。このような背景から、多くの編集技術は製図技術者間で暗黙知として伝承されてきたものと考えられる。デジタル処理になると、コンピュータプログラムによって自動化を進めるために、ひとつひとつの編集技術が明らかにされるようになった。これらの編集技術を分類し、解説しているのが、高阪宏行著『地理情報技術ハンドブック』（2002、朝倉書店、pp. 123-126）である。

高阪の分類では、GIS での利用の観点から GIS データを地理要素と統計要素の二つで構成されるとし、地理要素の縮小を空間的変換、統計要素の縮小を属性的変換と呼び、それぞれで具体的な編集技術に分類している。本節では、高阪の分類にしたがい、一般図の地図縮尺 1/2,500 から 1/10,000 への縮小を対象として整理し直し、解説する。その概要は、表 2のとおりである。

なお、「選択」は、高阪は「除去」としているが、ここでは基図（1/2,500）から縮小図（1/10,000）に取り込む処理となり、表現が合致する用語を用いている。

また、表 2の縮小編集技術で地図縮尺 1/2,500 から 1/10,000 への縮小編集に関するものを網羅しているかは、実際のプログラムによる実装で確認する必要があるが、そこまで開発されたプログラムは存在しない。つまり、表 2の分類は研究レベルであり、今後の発展により見直される可能性があるものである。

表 2　一般図の縮小編集技術の分類

順	分類	内容	備考
1	選択	取得基準以下のものは表現しない。	
2	簡略	線列から座標を抜き取る。	
3	平滑	線列を滑らかに再配置する。	
4	集約	固まって存在するものを、ひとつで表現する。	点群→面
5	融合	固まって存在するものを、範囲で表現する。	複数の面→単独面
6	併合	近接して存在するものを、取捨選択する。	
7	分解	面から線へ、線群から線へ変更する。	一条道路・河川
8	誇張	実際の大きさよりも大きく表現する。	拡大表現
9	強調	小さくても読み取れるように記号化する。	記号化
10	転位	位置を移動する。	

（1）選択

選択とは、取得基準に合致したものを基図から選択して取り込むことを基本とする処理である。主に、分類や長さ・大きさによって判定される。図 6(a)では、構囲や小さな建物は無視され、大きな建物のみが選択されていることを表している。しかしながら、景況によって判断しなければならないことがあるため、常にこのように機械的に処理することができるわけではない。最初に可能性のあるものを全て選択し、後は周辺の地形・地物・注記との相互関係を考慮しながら、読図性などを踏まえて取捨選択することになる。例えば、基図に真形で描かれた短い橋は、取得基準からは選択の対象とはならないが、実際には、橋は道路へと分類が変換され、取り込まれることになる。図 6の(b)では、中央にある畑や田、竹林の中から、(c)のように面積が大きく、数も多い畑が選択され、その範囲での植生を畑が代表させられている。また、図の左側の等高線では主曲が選択され、右側の建物は民家に備わった物置のような規模の建物は選択されていない。

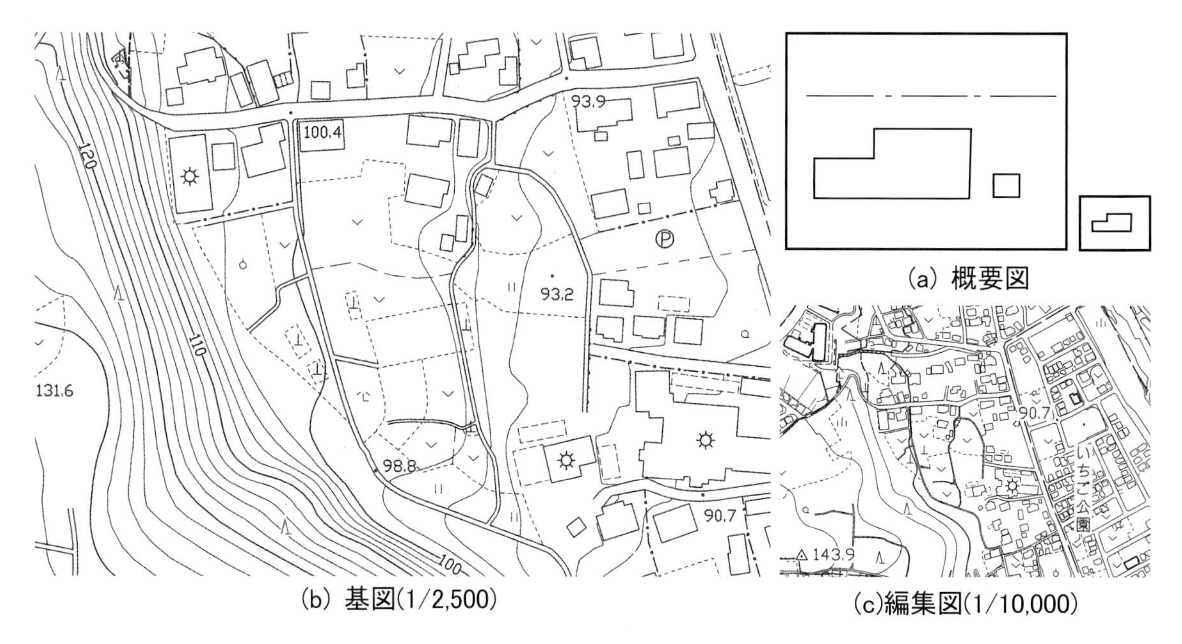

(a) 概要図

(b) 基図(1/2,500)

(c)編集図(1/10,000)

図 6　選択

(2) 簡略

簡略は、間引きとも呼ばれ、小凹凸を取り除くために短い間隔で連続する座標や極端に広い挟角を持つ、あるいは極端に狭い夾角を持つ折れ点（座標）を取り除くことである。結果的には平滑化される場合もあるが、平滑の場合と違って座標は移動しない。また、座標間隔の長短と折れ点の挟角の大きさによって、簡略化するか否かの判定が行われることも多い。図 7(a)では、建物の一部、右上の小突起が簡略化されている。突起部分の座標が取り除かれている。

なお、簡略により座標をつなぐ線の位置が変わり、近接する地形・地物と接触や交差あるいは接触や交差までいかなくとも視認性を阻害するようになることもある。これらは、後処理で編集する必要がある。

図 7(b)では、左上から右下に走る道路が、(c)のように簡略され、微小な曲がりがなくなっている。

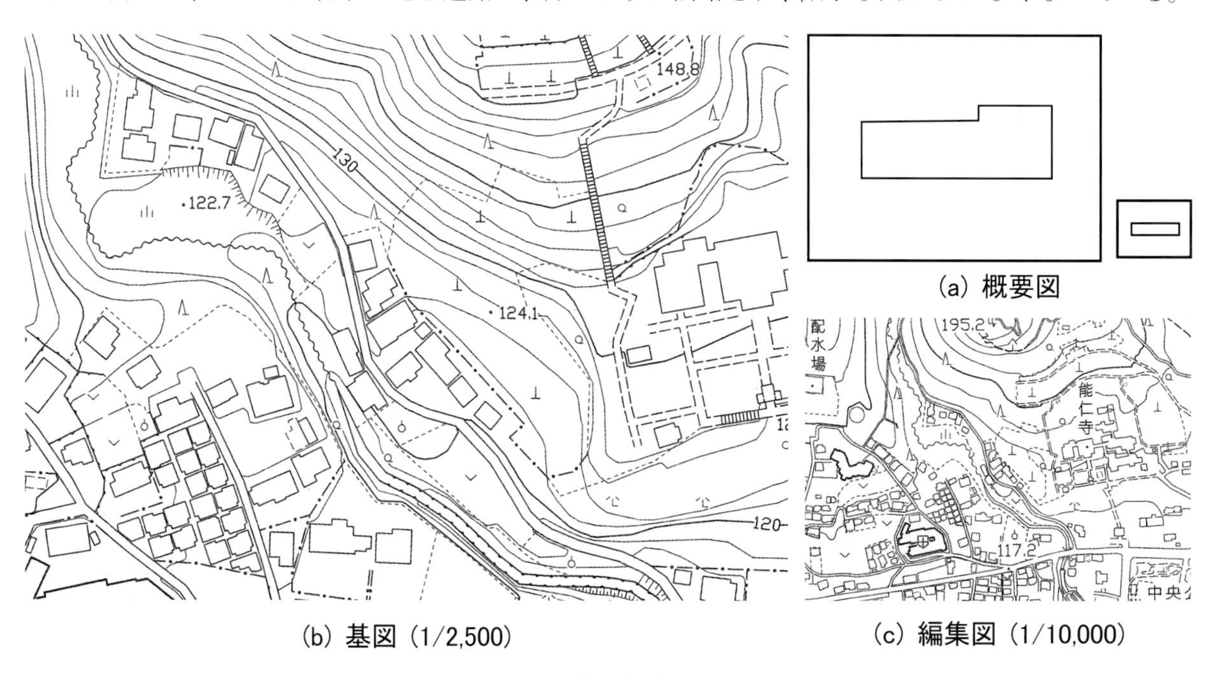

(a) 概要図

(b) 基図 (1/2,500)

(c) 編集図 (1/10,000)

図 7　簡略

(3) 平滑

平滑は、スムージングとも呼ばれ、地形や地物の座標を移動させることによって、該当する縮尺で表示した際に、滑らかな連続した線に見えるようにすることである。等高線の自然地形箇所や水涯線の入り組んだ場所に適用されることが多い。平滑前の座標から、より滑らかな線形モデルを推定し、その線形モデルに従って座標が移動される。その結果によっては、座標が増えたり減ったりする。

図 8(a)では、微小に曲がりくねった一条河川が、滑らかな形状に平滑化されているところを表している。図 8(b)では、上の道路と下の道路をつなぐ左端と右端にある徒歩道が、図 8 (c)では滑らかな形状に平滑化されている。

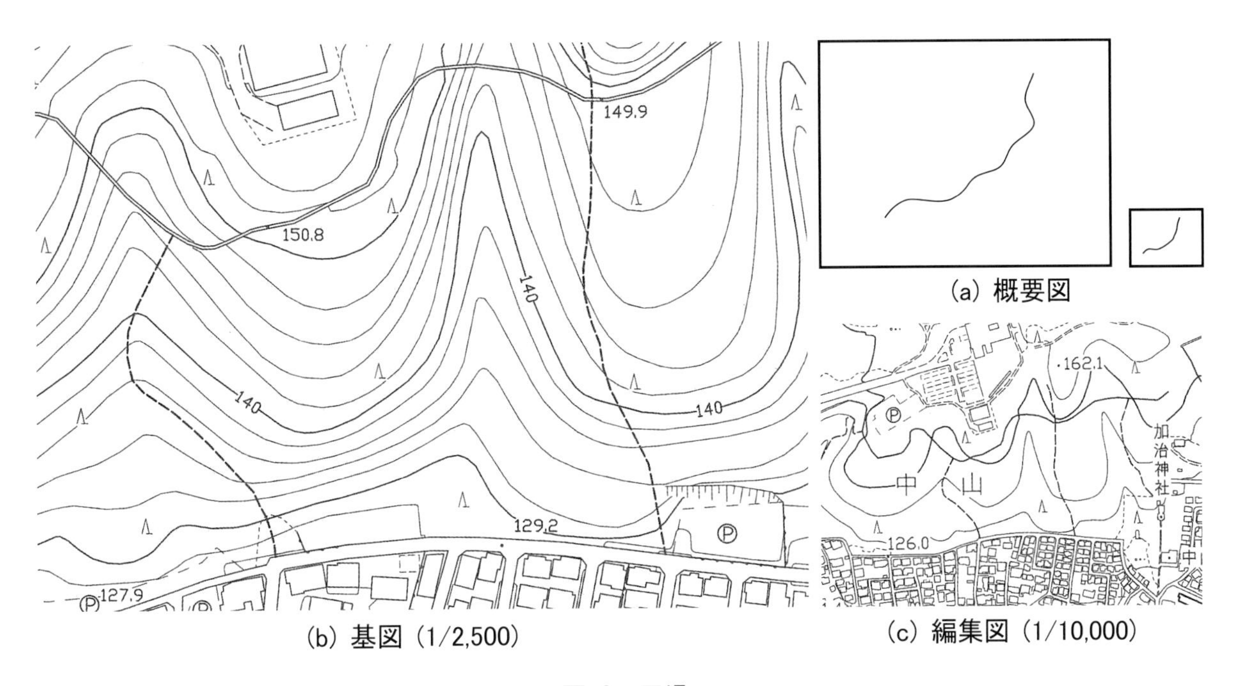

(a) 概要図

(b) 基図 (1/2,500)

(c) 編集図 (1/10,000)

図 8 平滑

(4) 集約

集約は、一定の範囲内に多数存在する面記号が、縮小によって互いに近接して読図できなくなるような景況に対し、読図できる単位で集約して表現することである。例えば、地図縮尺 1/25,000 から 1/50,000 の縮小では、独立した建物の集落が集約されることが多い。地図縮尺 1/2,500 から 1/10,000 では、大規模工場に設置されているタンクなどが代表例としてあげられる。この他、建物や記念碑、階段状になった被覆なども対象となることがある。図 9(a)では、並んで建っている二棟の無壁舎が、一棟に集約されていることを表している。図 9(b)では中央にある階段状の複数の人工斜面が、図 9(c)ではひとつの人工斜面に集約されている。

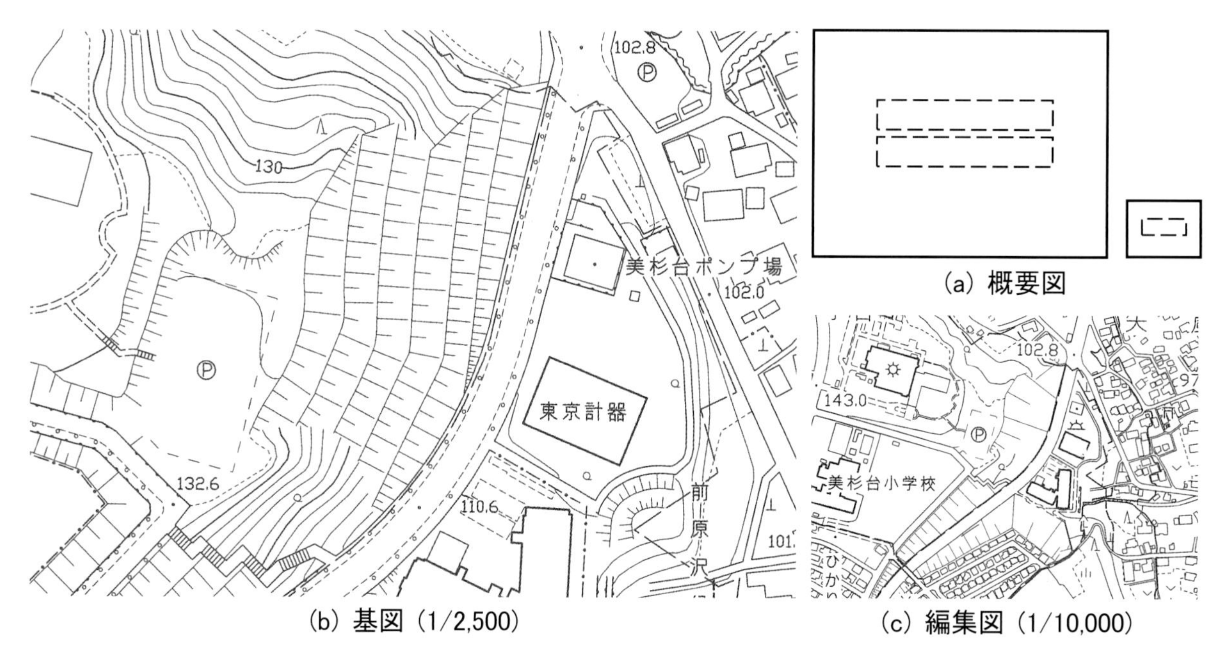

(a) 概要図

(b) 基図 (1/2,500)

(c) 編集図 (1/10,000)

図 9 集約

(5) 融合

融合は、隣接して存在する面記号の範囲が、縮小によって狭くなるような景況に対し、ひとつの面記号として融合して表現することをいう。融合では、異なる分類の面記号がひとつに融合されることもある。その場合、面積の大きい方が新たな分類として採用されるのが基本であるが、景況や図式によっては狭い方の分類が採用されることもある。代表的な例としては、田畑などの耕作地があげられるが、宅地と空き地など、様々な組み合わせでの融合が行われる。図 10(a)では、荒れ地が畑に融合され、畑として表現されていることを表している。図 10(b)では、畑中央の左右に横切る道路の上下にある畑や荒れ地が、図 10 (c)のように畑として表現されている。

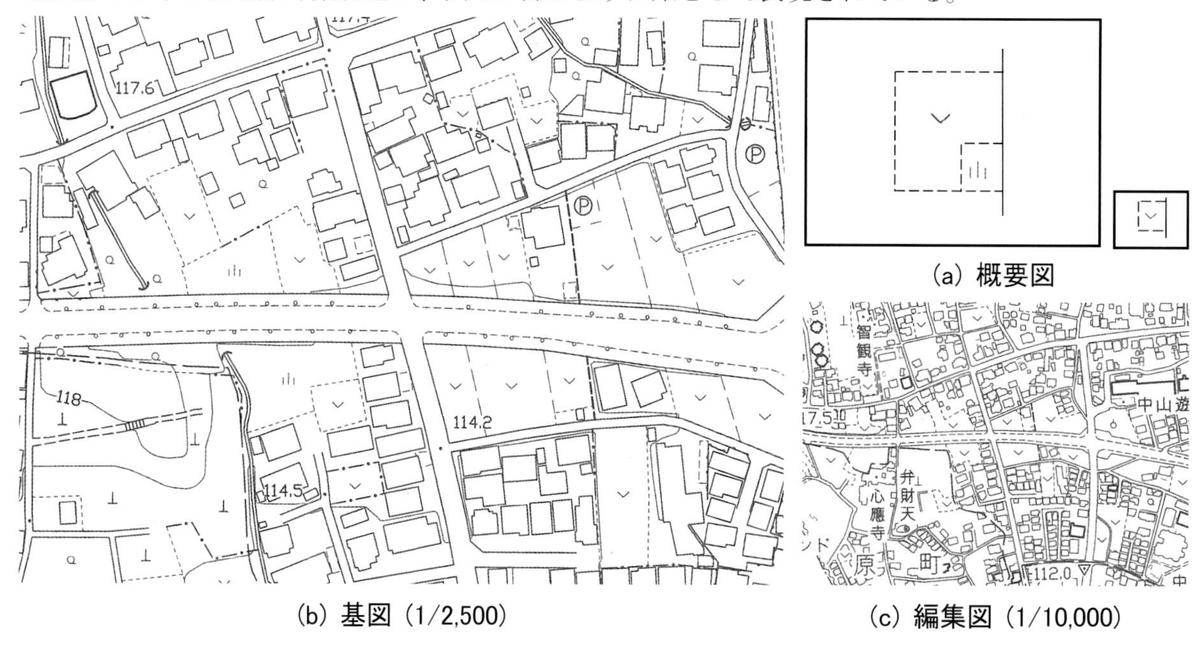

(a) 概要図

(b) 基図 (1/2,500)

(c) 編集図 (1/10,000)

図 10 融合

（6）併合

併合は、並んで存在する線記号が、縮小で表現が困難になった場合、ひとつの線記号として併合したり、三本以上の場合は中側の線記号が取り除かれたりすることをいう。例えば、鉄道の複線が、あたかも単線のように併合されたり、車両基地の支線の中側が取り除かれたり間引かれたりする。この他、道路や水路に適用されることもある。等高線の主曲間隔を広くするのも併合である。

図 11 は、鉄道の併合を示したものである。

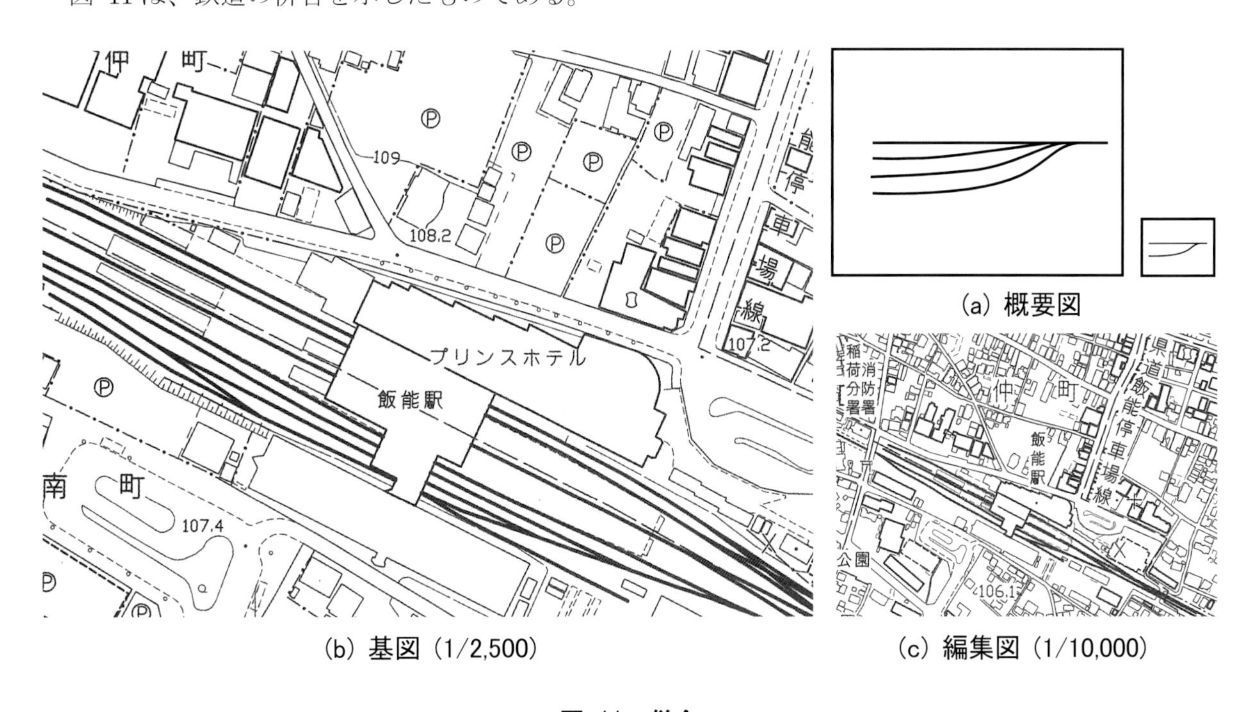

（a）概要図

（b）基図（1/2,500）　　（c）編集図（1/10,000）

図 11　併合

（7）分解

分解は、面や線として範囲を表す記号の一部が、縮小によって線や点としてしか表現できなくなったとき、その部分を分解して切り離すことをいう。分解された部分は、併合や強調によって線記号や点記号に変換される。代表的な例としては、徐々に上流に向かって幅を狭くする河川、川に向かって幅が狭くなる湖があげられる。真形道路が縮小によって、その一部を線記号とするために分解されることもある。

図 12 は、河川の分解の事例を示したものである。図 12(b)の左下から中央へと流れる本川に合流する支川が、図 12(c)では分割されて線記号として表現されている。

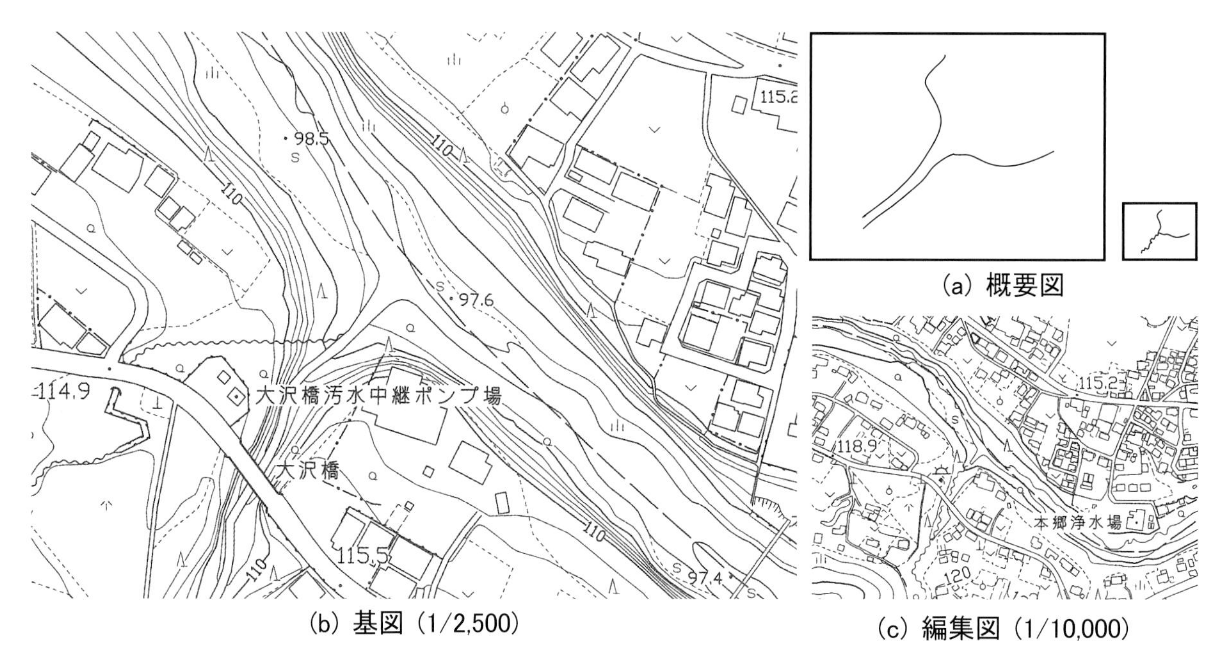

(a) 概要図

(b) 基図（1/2,500）

(c) 編集図（1/10,000）

図 12　分解

（8）誇張

誇張は、縮小によって読図しづらくなった大きさのある形状を、実際の大きさより誇張することにより読図しやすく表現することをいう。例えば図 13(a)のように川幅が部分的に狭まったりする箇所において、狭い部分を分解して線記号に併合させると読みづらくなるような箇所は、誇張して表現する。

図 13(b)(c)では、立体的に交差する上の鉄道において、(b)の人工斜面や被覆、高架橋が、(c)では取り除かれる一方、線路が太い線で表現されている。

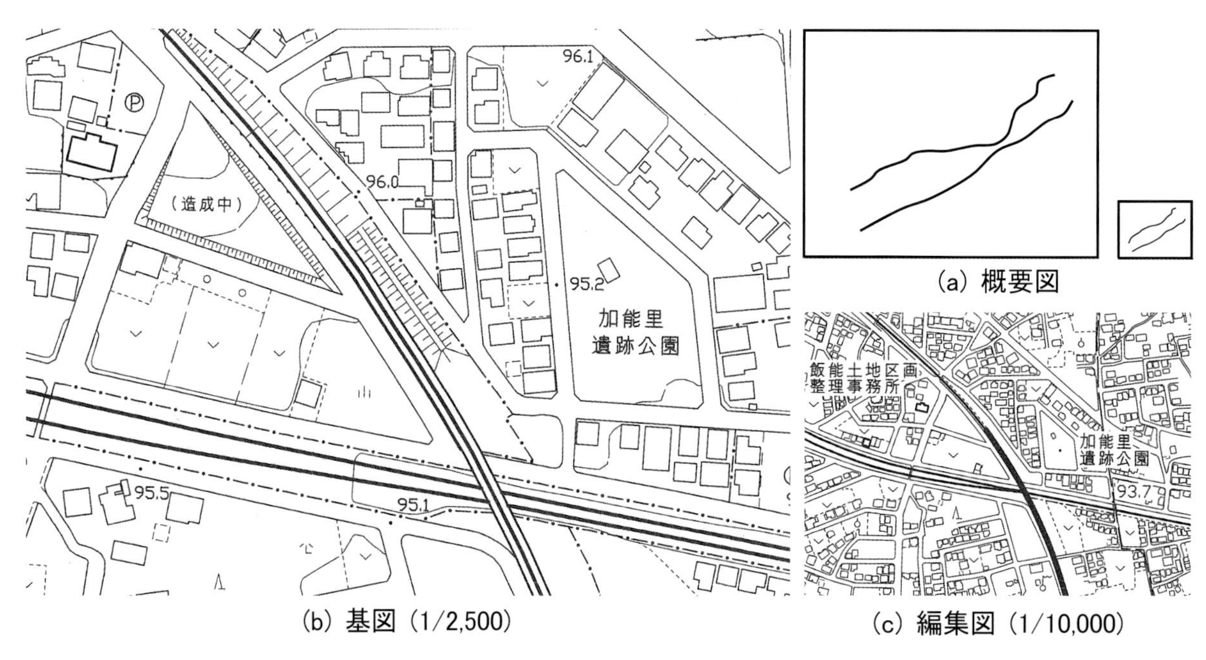

(a) 概要図

(b) 基図（1/2,500）

(c) 編集図（1/10,000）

図 13　誇張

(9) 強調

強調とは、縮小して表現できなくなった地形・地物・注記でも存続させることが必要な場合に、記号に置き換えられることをいう。注記は分かりやすい例である。公共施設などの建物が、文字による説明から点記号に変えられる。地図縮尺 1/10,000 では少ないが、地図縮尺 1/10,000 より小さい地形図などでは、点在する建物を記号化した黒抹建物などと呼ばれる強調表現が多用される。

図 14(a)では、鉄道の雪覆いの強調を示したものであり、雪覆いの幅は実際より縮小率が小さい。図 14(b)(c)では、建物注記が建物記号として強調された例を示している。

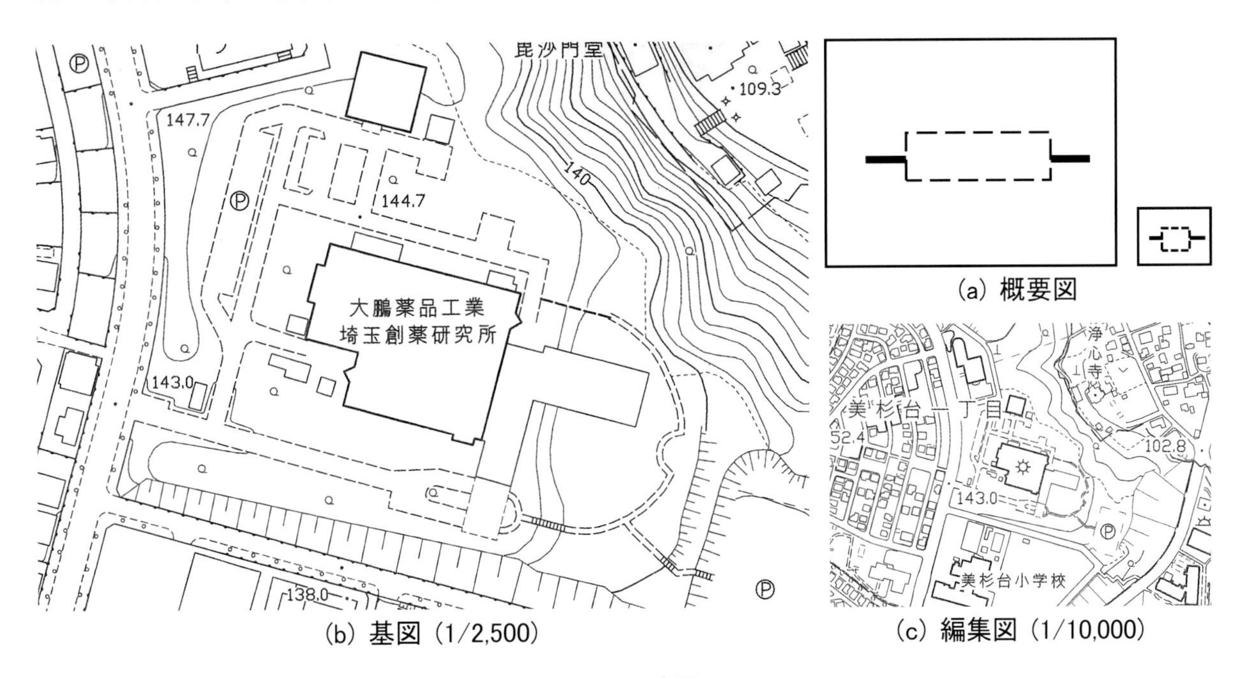

(a) 概要図

(b) 基図 (1/2,500)

(c) 編集図 (1/10,000)

図 14 強調

(10) 転位

転位は、並走する複数の線記号が縮小によって読図できないほど近接してしまった場合に、読図できるように横方向に平行移動させることをいう。このとき、中縮尺図の縮小編集では、河川などの自然地物を基準とし、隣接する地形・地物を一定の移動量内に収める。また、転位した部分とそれ以外の部分との接合が不自然にならないように編集する。利用可能な土地が少なく、人工構造物が近接して建設されている我が国では、至る所で転位が必要となる。その時に問題となるのは、転位だけでなく、転位が更に移動先にある地形・地物に影響を与え、場合によっては次の転位、あるいは箇略や平滑などを行わなければならなくなることである。突きだした尾根とそれに接する河川の間に道路や鉄道、被覆など多くの線記号が存在する場合も処理が難しくなる。

図 15(a)は、近接した河川と道路の例を示したものであり、縮小した後に実際の距離より離れるように編集されている。図 15(b)では、鉄道の南西に鉄道に沿うように用水路が走っている。図 15(c)では、この鉄道の盛土は削除され、用水路の間の距離は実際より長くなるように編集してある。

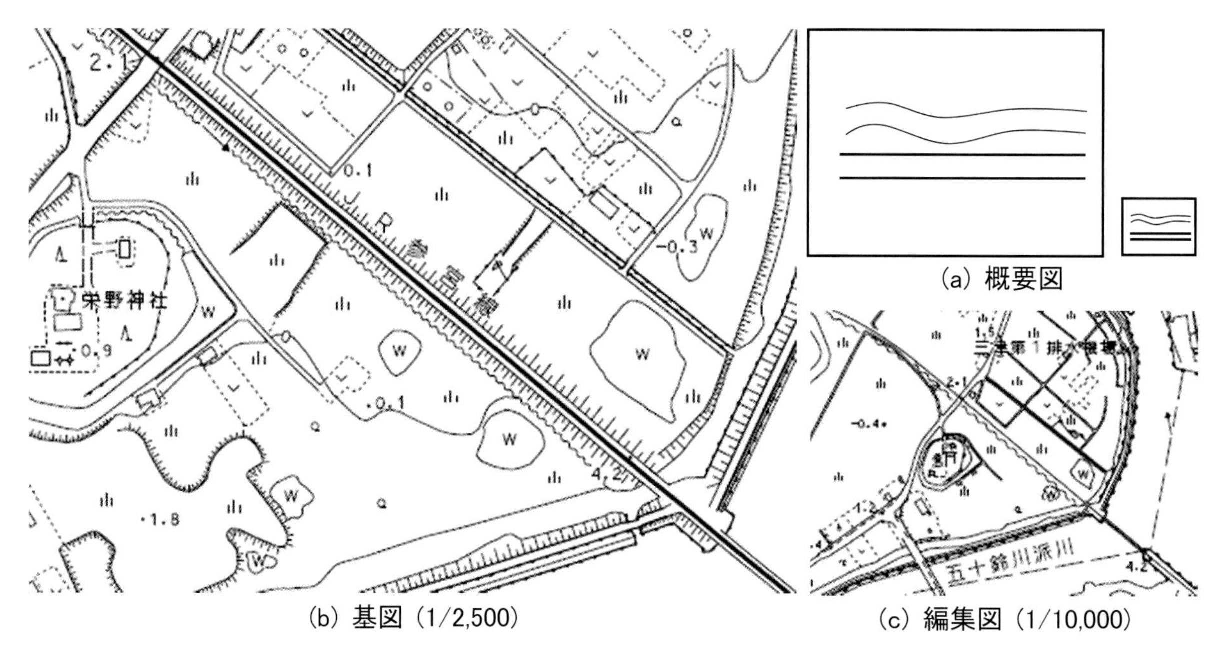

(a) 概要図

(b) 基図 (1/2,500)

(c) 編集図 (1/10,000)

(b)(c):三重県市町総合事務組合管理者提供(承認番号 三総合地 第67号)

図 15 転位

第２章　地図編集（2500から10000）

公共測量における測量方法を定めた国土交通省の作業規程の準則（以下、「準則」と呼ぶ）においては、地図情報レベル10000の数値地形図データの作成に基本測量で定めた１万分１地形図図式を使用することが標準と定められている。しかしながら、基本測量で定めている１万分１地形図図式は、２万５千分１や５万分１の地形図に倣った、読図のしやすさも重視した多色刷りの地図を作成するための図式で、表現する地形・地物の全てを記号として捉え、広がりのある地形・地物は面としての表現を採用している。

一方、公共測量においては、アナログ手法で測量が行われていた時代より、主題図作成のための基図となる白地図として利用されることを意図して作成されているため、地形・地物の形状を真形で表現する図式が採用されてきた。そのため、作成された地形図原図は、淡い黒一色での着墨による表現を取ってきた。

このように準則の規定と実態が異なっているため、計画機関や隣接地区を作成する他の作業機関、旧図との調整に時間を要したり、円滑な測量を妨げる要因となっていたりした。そのため、多くの測量作業機関は、独自に社団法人全国測量業協会（現：一般社団法人全国測量設計業協会連合会）の縮尺別標準図式 全測協統一図式 10 を参考に取得項目を、公共測量標準図式の地図情報レベル2500や5000を参考に分類コードや取得方法、表現などを決定し、測量計画機関と協議して使用している。その結果、各測量作業機関で内容が少しずつ異なり、隣接地区との接合の支障となっていたりする。地形図原図に隣接地区からの借用した地形図原図を貼り付けようとすると、線号の違いから隣接地図と当該地区とで見映えが大きく異なることもある。

また、数値地形図データファイルの作成にあたっては、数値地形図データファイル仕様が地図情報レベル2500を対象に決められた後に地図情報レベル10000に拡張されたこともあり、図郭の区画割が正規化できなかったり、要素数が所定の桁数を超えたりといった問題が生じることもある。

しかしながら最も大きな問題は、要素間の接合が崩れることである。地図情報レベル10000の作成は、多くの場合、地図情報レベル 2500 数値地形図データからの地図編集によって作成される。その際、数値地形図データファイル仕様に従うと、座標値の単位はcmからmに丸めなければならない。このとき、線端が線分の中間に接している接合の相互関係によっては、線端と線分の間に交差が生じたり、離れが生じたりする。もちろん、これらは地図情報レベル10000に相応しい縮尺で表示されれば問題ないのであるが、地図情報レベル10000の数値地形図データを利用する全てのシステムにそのような要求はできないため、接合ができていないと誤解されかねない。

このような背景を踏まえ、公益社団法人日本測量協会及び公益財団法人日本測量調査技術協会による地図情報レベル10000数値地形図図式（以下、「公共10000図式」と呼ぶ」を作成した。これに伴い本章では、この公共10000図式が円滑に利用されるように、第１節では地図編集（2500から10000）の基本を、第２節では地図情報レベル10000の数値地形図データ作成について、第３節では地図情報レベル2500から10000への地図（縮小）編集の実際について、解説する。

第１節　地図編集（2500 から 10000）の基本

(1) 地図情報レベル 10000 の測量手法

公共測量では、地図情報レベル 10000 の測量成果（数値地形図データファイルや地形図原図）を作成する測量手法として主に次のふたつが採用されている。

① 地図編集による方法

② 空中写真測量による方法

また、既成図が存在していても、ほとんどの場合、新規で作成されているといえる状況である。

地図情報レベル 10000 の測量成果は、都市計画区域の概要を市民に供覧するため都市計画総括図の背景図として作成されることが多い。地図情報レベル 2500 の測量成果は、法的（都市計画法施行規則第 9 条第 2 項）に都市計画区域での作成が求められ、都市計画図書の計画図の背景図や都市計画基礎調査等に利用される。

このような行政での施策に利用するために地図情報レベル 2500 の測量成果が作られ、あるいは既成図が修正され、つぎに地図情報レベル 2500 を基に地図情報レベル 10000 が地図編集によって作成される。地図情報レベル 10000 の地図編集は、特にデジタル処理になってからは、既成図を修正するよりも新規作成の方が経済性、効率性が高く、既成図が存在していても新規で作成（これは「改測」と呼ばれる）されることがほとんどとなっている。修正測量では、経年変化部分とそうでない部分の接合が、隣接する地形・地物同士の座標一致だけでなく、取捨選択や分類の一致についても確認する必要があり、多くの手間を要するためである。

行政では、行政範囲全体を把握して施策を行う必要がある。その際、都市計画区域は法的に地図情報レベル 2500 の測量成果が求められるが、都市計画区域以外では地図情報レベル 2500 の詳細さは要求されないため、地図情報レベル 10000 の測量成果が用いられることになる。

地図情報レベル 10000 の測量成果が用いられる場合は、地図情報レベル 2500 の測量成果と同時に作成されることが多い。この場合、前述のように地図情報レベル 2500 の測量成果を作る範囲とは異なるため、地図情報レベル 2500 の測量成果を作るための空中写真の撮影範囲を、地図情報レベル 10000 の測量成果を作る範囲まで拡大し、この空中写真を使用した空中写真測量で地図情報レベル 10000 が作成されることになる。同時調整の工程まで地図情報レベル 2500 と一括して行うことによって、経済的、効率的に作成できることになる。

(2) 地図情報レベル 10000 の測量成果

公共測量の手法を示した作業規程の準則では、地図編集や空中写真測量の測量成果は、数値地形図データファイルと規定されているが、測量成果にはアナログ処理手法の成果であった地形図原図あるいは地形図原図の基となる図式化データが含まれることがほとんどである。

また、施設管理などに供する情報としての測量成果は、別途作成される地図情報レベル 2500 の数値地形図データが担い、地図情報レベル 10000 の数値地形図データは、用途地域などを公示するための背景図としての役割を担うことが多い。つまり人が読図しやすい、地形図原図により近い表現が求められる。

しかしながら、地図縮尺 1/10,000 で地図情報レベル 2500 の数値地形図データから表現しようとすると、より広い範囲を一括りの表現とする抽象化の度合いが強くなってくる。また、連続する座標の間隔や隣接する地形・地物同士の間隔の表示距離が短くなるため、座標を間引いて簡略化したり、座標の位置を移動して平滑化したり、あるいは重要性の低い地形・地物を隣接する図形から離したり（転位）、表現できないものを削除したりする必要が生じる。このような抽象化や簡略化、平滑化、転位といった地図編集の難度は高く、自動化することは困難である。

さらに、数値地形図データと地形図原図での地形・地物の形状や位置関係が異なってくると、利用に混乱を来す。したがって、数値地形図データと地形図原図での位置が完全に一致している必要もある。

このような背景もあり、地図情報レベル 10000 の数値地形図データの編集は、地形図原図を意識した処理が多くなっている。

なお、作業規程の準則では、地図情報レベル 250、500、1000、2500、5000、10000 の数値地形図データの作成が規定されていて、それらは地形・地物の形状を真形で表現することが基本となっているも、地図情報レベルが大きく(地図縮尺が小さく)なるにつれて記号として表現する傾向が強くなってくる。ちなみに地図情報レベル 25000 や 50000 といった中縮尺図では、表現を重要視した地図となっている。

(3) 地図編集による地図情報レベル 10000 測量成果の作成

地図編集技術によって地図情報レベル 10000 の測量成果を、地図情報レベル 2500 の数値地形図データから作成する流れ、特に地図編集の細部は企業や地区、さらには編集者によって異なり、幾つかの地図編集が同時並行的に行われるが、概観すると図 16 のように整理できる。

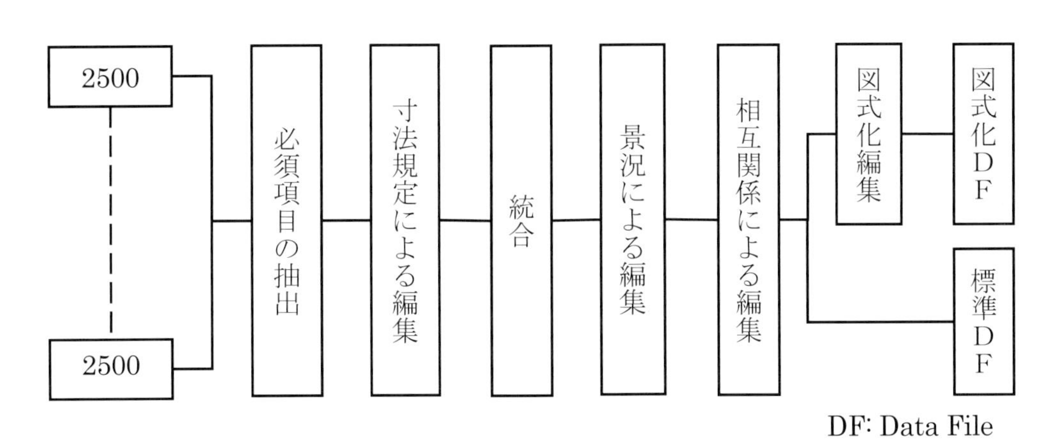

図 16　地図編集の流れ

① 必須項目の抽出

必須項目の抽出では、地図情報レベル 2500 の数値地形図データから地図情報レベル 10000 に必要となる地図項目を抽出する作業である。地図情報レベル 2500 の数値地形図データファイルを、地図情報レベル 10000 の図郭単位で統合し、地図情報レベル 10000 では不要となる地図項目を削除する方法を採るところもある。

ここでいう地図情報レベル 10000 に必要となる地図項目とは、必ずしも地図情報レベル 10000 の図式に規定されている項目とは限らない。例えば、地図情報レベル 2500 の主曲は、地図情報レベル 10000 では規定されていないが、平坦な地形や尾根の鞍部、山の頂など、補助曲を描画するための情報として必要となることもある。

抽出あるいは削除から残った地形・地物には、表現分類コードを地図情報レベル 10000 の規定に合わせて変更されるものもある。これにより、地図情報レベル 2500 では異なる分類であった地形・地物が、同じ分類となることもある。

② 寸法規定による編集

寸法規定による編集では､長さや面積によって不要となる地形･地物を削除する｡例えば、構囲は長さで、耕地は面積で判定される。

長さや面積で要不要を決定することは容易に思われるが､例えば構囲は学校や工場などで範囲を読図しやすくなるために短くともあえて残すことがある。近接するへいを統合して、ひとつのへいとして採用することもある。被覆などは、短くとも等高線の添い具合によっては残すこともある。耕地などは、面積で要不要を規定されていても、地図情報レベル 2500 では面として作成されているわけではないため、結局は目視で判断しなければならない。

このような困難さから地区によっては、地図情報レベル 5000 としての地図編集を行い、さらに地図情報レベル 10000 へと地図編集を行うといった二段階で行う場合もある。

③ 統合

地図情報レベル 10000 は複数の地図情報レベル 2500 を統合してひとつの図郭とするため、地図情報レベル 2500 の図郭をまたがっている建物や道路、送電線などを、ひとつの図形として統合することもある。特に、長い直線道路や送電線は、地図情報レベル 2500 の図郭範囲線上で折れて見えることもあるため､そういった場合は統合して図郭上の座標は取り除く。

④ 景況による編集

景況による編集では､周辺の地形･地物の大きさや相互関係に応じて判断する編集である。同じ地物でも場所により見え方が異なるため､一定の基準で削除すると景況を損なう場合もある。耕地等が多く目標物の少ない場所では、構囲や水路等は基準に満たないものでも表示する。都市部であれば、基準を満たしていても密集して見づらくなる場合は、記号や構囲等を削除する場合もある。

⑤ 相互関係による編集

相互関係による編集は、地図縮尺 1/10,000 で表現した場合に、地形・地物の相互関係が近接し､区別できなくなったり､重なって見えるようになったりするところを､別々の地形･地物として読図できるように転位させたり、平滑化させたりする作業である。面の縁を含む線で表現される地形･地物同士の相互関係を自動で判断することは困難であるとともに､たとえ判断できても､その相互関係をどのように編集するかを判断することは困難であるため、相互関係による編集も基本的には人による作業となる。

敷地や建物､道路などが統合されたことによって、記号や注記の表示位置を見直す作業も発生する。これには、地図情報レベル 2500 の図郭を跨いで存在した敷地や建物、河川、行政界などが統合された場合も含まれる。

⑥ 図式化編集

図式化編集は、完成した数値地形図データから地図情報レベル 10000 の図式に規定された形状に加工する編集である。線の破線や点線への変更、さらには線への短線の修飾といった図式化は、自動処理で行えるが、解糸状の線への変更、射影のある被覆内へのりん形記号の展開、人工斜面へのケバ線記号の展開などは、基本的なところは自動で行われるが、折れ曲がった場所の解糸状線や幅が急に狭くなった場所のりん形記号・ケバ線記号などといった図式化データは、手作業で修正しなければならないのが現状である。そのため自動での発生で、特に手入れが必要となる図式化データは、地図情報レベル 2500 で作成し、手入れをしたものを、地図情報レベル 10000 に複写し、10000 用に編集することもある。

(4) 空中写真測量による地図情報レベル 10000 測量成果の作成

空中写真測量による地図情報レベル 10000 の測量成果を作成する手法としては、本節の(1)でも触れたように地図情報レベル 2500 の測量成果を空中写真測量で作成する場合と同じ基準で撮影された空中写真を使うことがほとんどである。それは、地図情報レベル 2500 と合わせて地図情報レベル 10000 の測量成果を作成する場合、地図情報レベル 2500 の測量成果を作成する範囲に比べ、地図情報レベル 10000 の測量成果を作成する範囲の割合が小さいことがほとんどであることにもよる。これらを同じ基準で撮影すれば、撮影や標定点の計画が一括でできるとともに、同時調整も一括で実施可能となる。デジタル処理で行われている現在の空中写真測量では、同じ面積であれば、写真枚数の違いによる作業負荷は、アナログ処理の時代に比べて大きくはない。異なる基準を採用すると、地図情報レベル 10000 のための撮影は高度を高くする必要があり、天候障害などによる工程への影響なども懸念されるようになる。

このように空中写真測量による地図情報レベル 10000 の測量成果は作成されるとともに、地図情報レベル 10000 の測量成果が単独の測量として行われることはほとんどないと思われることから、地図情報レベル 10000 の空中写真測量は準則の規定とは異なる基準で実施されているといえる。

地図情報レベル 10000 の空中写真測量は、地図情報レベル 2500 の測量成果を作成するための基準と同じ空中写真が用いられることにより、基本的な精度は地図情報レベル 2500 と同じである。ただし、取得される地形・地物の項目が異なることから、詳細さは地図情報レベル 10000 となる。

また、地形・地物の細かさも地図情報レベル 2500 と同じ水準で取得することができるが、地図縮尺 1/10,000 で表現した場合には潰れたり、隣接する地形・地物と接触したりして読図しづらくなる。そのため、地形・地物の細かさは、地図情報レベル 10000 の図式にしたがって取得されることが望まれる。しかし、実際には空中写真に写っている状況とは異なった表現は困難である。数値図化の際の立体表示の縮尺を小さくしたりする工夫が行われている。

第２節　地図情報レベル 10000 の数値地形図データ作成

（1）地図設計

公共 10000 図式を作成するに当たっては、前述の通り幾つかの既存図式を参考としたが、図式を作成するということは、あたかも真っ新な状態から地図を設計するようなものである。ここでは、地図設計の流れを示すとともに、公共 10000 図式の作成にあたっての要点となる項目の解説につなげる。

地図設計の流れは、概ね図 17 のようになる。

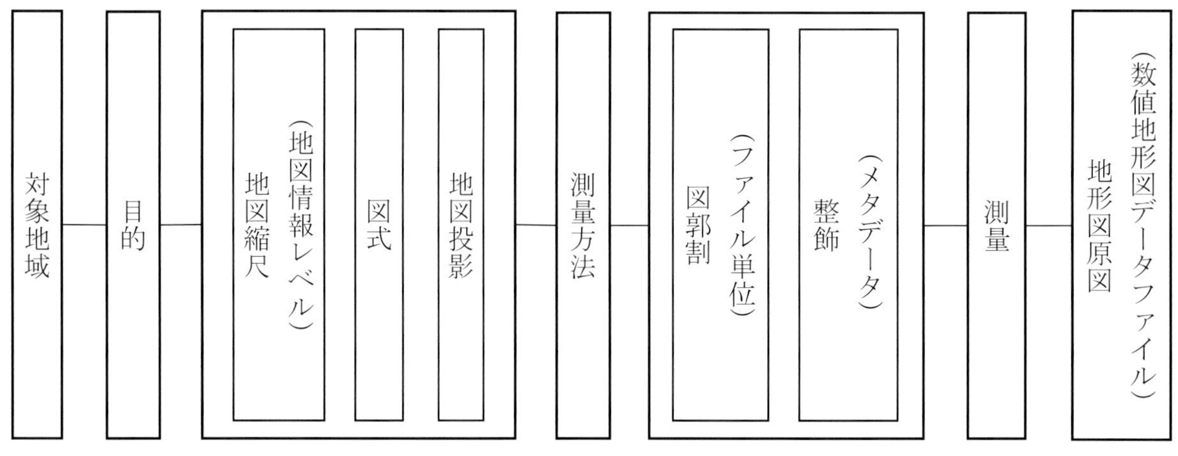

図 17 地図設計の流れ

最初に何らかの問題を抱えている対象地域がある。

この問題を解決するために、土地の把握や道路の開発、河川の改修といった目的が示されることになる。

この目的を達成するために地図が必要となり、目的とする地図の表現に必要となる縮尺（地図情報レベル）、図式、投影などが決定される。

縮尺や図式､投影が決定されると､これらとは別に地図を作成するための測量方法が決定される。一般には､測量方法は地図表現に要求される縮尺と地図を作成される面積に応じて決まる。ただし、要求される縮尺より大きな縮尺の地図があり、それらが現状を反映できるぐらい新しいもの、あるいは経年変化がないものであれば、その大きな縮尺の地図を使用し、地図編集で作成されることもある。

次に、測量した成果をどのように記録するかが設計され、図郭割り（ファイル単位）や整飾（メタデータ）の様式が作られる。

以上のような地図の設計に基づいて測量が行われ、測量成果として地形図原図や数値地形図データファイルが作成されることになる。

（2）地図縮尺（地図情報レベル）

地図縮尺は、アナログ手法による測量の場合は、情報量と精度を意味していた。つまり、縮尺によって表現できる線の幅（線号）が決まり、その線号の中に位置精度が入るように設計された。また、基本的には作業地域内を網羅的に地形・地物で埋め尽くすことが地図利用の利便性を高めることと理解された。

デジタル手法による測量の場合は、利用時に地図項目毎に表示・非表示の設定ができたり、一部の地図項目のみだけを作成することで経済性を高められるとしたりする議論が起こる一方、地形・地物の脱落か、地図として採用しない地形・地物がある場所などか、分からないのでは使い勝手が悪いからとアナログ手法による測量の場合と同様に、網羅的に地形・地物を埋め尽くす地図作成も顕在である。

公共 10000 図式では、前節で触れたように地図編集と空中写真測量のどちらかの測量方法によって作成されることを想定している。さらに、地図編集では地図情報レベル 2500 の数値地形図データを使用することを、空中写真測量では地図情報レベル 2500 用に撮影した空中写真を使用することを、それぞれ想定している。また、この想定通りに実態としては測量が行われているので、位置精度は地図情報レベル 2500 を保持しているといえる。ただし、一部で、地図縮尺 1/10,000 での表現のために簡略や平滑などの編集が行われたり、地形図原図として出力した際に潰れて表現されたりし、表現上は地図情報レベル 2500 の形状を保持していないものも存在することになる。

一方、地形・地物の情報量としては、完全に地図情報レベル 10000 としている。

このような状況を踏まえて、位置精度としては多くが地図情報レベル 2500 の精度を保持しているが、形式上は地図情報レベル 10000 としている。そのため、数値地形図データファイルの図郭レコード(a)の地図情報レベル欄には、10000 という数値を記載することにしている。

このような図郭レコード(a)の地図情報レベル欄には 10000 が記載される一方、図郭レコード(b)の座標値の単位欄には、地図情報レベル 10000 に適用される m を意味する 999 ではなく、地図情報レベル 2500 から 5000 に適用される cm を意味する 10 という数値を記載することにしている。つまり、公共 10000 図式にしたがった地図情報レベル 10000 では、数値地形図データファイルに格納される座標値の単位は cm とした。

これは、数値地形図データが地図情報レベル 2500 や 5000 の精度を保持しているという意味ではなく、地図情報レベル 2500 から 10000 に編集した際、座標値の単位を cm から m に丸めた場合、線の中間と線の端点による接合関係が変わってしまい、線の中間と線の端点の間に空白ができてしまうことによる。

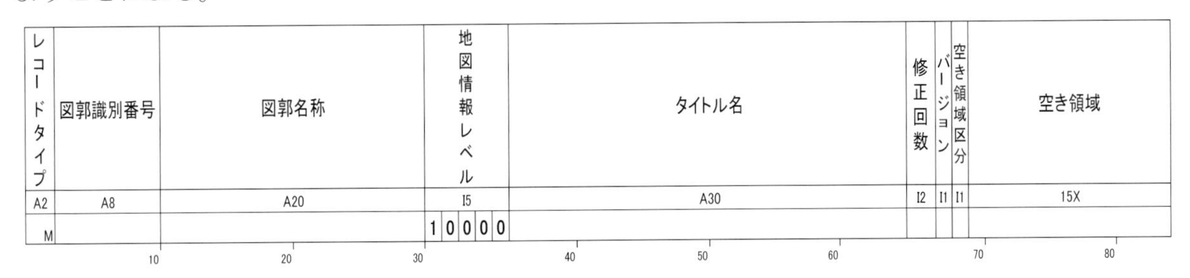

図 18　図郭レコード(a)　地図情報レベル欄：10000

図郭座標(1)				空き領域	要素数	レコード数	座標値の単位	図郭	
左下図郭座標		右上図郭座標						左上図郭座標	
X (m)	Y (m)	X (m)	Y (m)					X (m)	Y (m
I7	I7	I7	I7	I3	I6	I7	I3	I7	I7
							10		

図 19　図郭レコード(b)　座標値の単位欄：10(cm)

（3）地図情報レベル 10000 数値地形図図式の設計

地図情報レベル 10000 の数値地形図データとして表現する地形・地物は、全測協統一図式 10 に規定されているものを基準とし、準則で規定されている公共測量標準図式の地図情報レベル 2500 と 5000、現在の運用状況を考慮して決定した。

また、表現分類コードや取得方法、図形区分、データ（レコード）タイプ、取得方向の有無、属性数値の有無、端点一致の要否については、基本的には公共測量標準図式の規定を継承している。

新たに設けた記号としては、トンネル内の道路（分類コード：2107、以下同じ）や鉄道（2311から 2315）、地下の駅（2430）がある。

トンネル内の道路や鉄道は、資料が入手できれば、表現することとしている。公共測量標準図式では、基本測量の地形図図式に比べると狭い範囲を対象とした図式で、局所的な地形・地物の関係を表現することを意図して規定している。しかしながら公共 10000 図式は、地図情報レベルでいえば公共測量の端で、基本測量に接するところにあり、公共測量でも割と広い範囲を覆う表現に近づく傾向がある。また、近年は、建設工事の情報化施工や公共施設の点検などの進展によって、トンネルのデータが入手しやすくなったこともある。このような背景を踏まえ、トンネルの資料が入手できれば、数値地形図データとして取り込むこととした。

地下の駅は、公共測量標準図式でも地下街・地下鉄等出入り口（2215）として規定されているが、その意匠や適用では、読み取りづらく、かつ数も多く存在するため、そのままでは地図情報レベル 10000 への適用は困難である。そのため、好目標となる地下の駅のみを記号化し、主要な出入り口付近に表示することとした。

公共測量標準図式で、グリッドデータ、ランダムポイント、ブレークライン、不整三角網(TIN)として規定されている数値地形モデルは、公共 10000 図式では規定しなかった。数値地形モデルの代表的な存在であるグリットデータ（グリット形状の標高点群）は、基本測量において数 m 間隔のものが、山岳地や島嶼部といった一部の地域を除いて、全国整備されている。これは地図情報レベル 2500 から 5000 の精度に相当する。また、この標高点群は、グリッド間隔を容易に変換でき、より地図情報レベルの大きなグリッドデータを作成することができる。そのため、地図情報レベル 10000 として整備をすることはないと判断した。

この他、門（3401）、屋門（3402）、路傍祠（4204）、灯ろう（4205）といった小物体は、表現が困難であるとともに、特定の場所に存在するものであるため、地図情報レベル 10000 では採用していない。

ペデストリアンデッキも、駅前などに多く建設されるようになりつつあることから分類する必要性が考えられたが、地方公共団体によって認定道路であったり、歩道橋であったりと、取り扱いが異なるため、図式の中に規定することはしなかった。

数量規程、つまり地図情報レベル 10000 として採否を決定する面積や長さの規定は、細かくは規定しなかった。基本的には、地図縮尺 1/10,000 で表現した際に適切に読図できるか、その地域の特徴を表す重要な地物が採用されているか、その地域の特徴を表す景況に表現できているかが、数量規程より重要と判断したためである。数値に囚われすぎると、これらの地図編集の重要な要素が忘れがちとなるためである。

線号の大きさは、公共測量標準図式の地図情報レベル 2500 と 5000 と同じ太さを設定している。

問題は、どの地形・地物に、どの線号を割り当てるかである。基本測量の 1 万分 1 図式にみられるように、縮尺 1/10,000 の地形図は、記号図として表現することが考えられるぐらい地形・地物が密集してくる。ましてや真形図（線画）としての表現では、一定幅への線の表現数は増え、地形・地物の密集度によっては全体の色合いが濃く見えたり薄く見えたりする。同じ線号を使用していると、例えば地形・地物が密集する市街地は濃く見え、地形・地物が粗密な中山間は薄く見えたりする。したがって、市街地と中山間地では線号を変えることも検討されたが、これはこれで市街地や中山間地をどう定義するか、市街地と中山間地の接合をどうするか、市街地あるいは中山間地として自治体を定義できるかといった問題があり、幾つかのサンプルで検討し、公共 10000 図式の規定のような一本化して定義した。

記号の大きさは、公共測量標準図式の地図情報レベル 2500 と 5000 の 8 割を基本とし、文字を記号化した記号は注記の字大との整合を考慮し 75%とした。

注記は、公共測量標準図式の地図情報レベル 2500 と 5000 で採用されているものを全て採用し、字大以外の適用（字隔や注記法の区分、半角・全角）も同じとしている。字大は、等高線数値のように地形・地物の密集地にはあまり存在しないもの、基準点等の重要なものは、地図情報レベル 2500 や 5000 での規定を採用したが、その他については個々の表示対象について検討し、表 3 のとおりとした。

表 3　公共 10000 図式と準則 2500 図式の字大

分類コード		分類	表示対象	公共10000	準則2500	較差
レイヤ	データ項目					
81	10	行政区画	市・東京都の区	3.5	5.0	1.5
	11		町・村・指定都市の区	3.0	4.5	1.5
	12		市町村の飛地	2.0	3.0	1.0
	13	居住地名	大区域	2.5	4.0	1.5
	14		大字・町・丁目	2.5	3.5	1.0
	15		小字・丁目	2.0	3.0	1.0
	16		通り	2.0	3.0	1.0
	21	交通施設	道路の路線名	2.5	3.0	0.5
	22		道路施設、坂、峠、インターチェンジ等	2.0	2.5	0.5
	23		鉄道の路線名	2.5	3.0	0.5
	24		鉄道施設、駅、操車場、信号所	2.0	2.5	0.5
	25		橋	2.0	2.5	0.5
	26		トンネル	2.0	2.5	0.5
	31	建物	建物の名称	2.0	2.5	0.5
81	42	小物体	小物体	2.0	2.5	0.5
	51	水部	河川、内湾、港	2.5	3.5	1.0
			一条河川	2.0	2.5	0.5
			湖池	2.0	3.0	1.0
			岬、崎、鼻、岩礁	2.0	2.5	0.5
			河岸、河原、洲、滝、浜、磯	2.0	3.0	1.0
			山、島	2.0	3.0	1.0
	52		せき、水門、渡船発着所	2.0	2.5	0.5
			堤防	2.0	2.5	0.5
	62	土地利用等	公園、運動場、牧場、飛行場、ゴルフ場、材料置場、温泉、採鉱地、採石地、城跡、史跡名勝、天然記念物、太陽光発電設備等	2.0	2.5	0.5
	63		植生	2.0	2.5	0.5
	71	山地	山	2.5	3.0	0.5
			尖峰、丘、塚	2.0	2.5	0.5
			谷、沢	2.0	2.5	0.5

地図情報レベル 2500 では、数値地形図データそのものが施設管理や設計などに使われるのに対し、地図情報レベル 10000 では、数値地形図データは各種の主題情報の背景として目視での利用に使われる傾向が強まる。そのため、特に地図情報レベル 2500 から地図編集によって地図情報レベル 10000 を作成する場合、注記は読図を目的として作成される。つまり、ひとつの注記がひとつの要素として構成されるのではなく、必要に応じてひとつずつの文字として扱われ、読図しやすいように地物の形状に応じて曲線字列や折線字列などで配置するように規定されている。

（4）地図投影

基本測量で定めている1万分1地形図図式では、地図投影法にはUTM(ユニバーサル横メルカトル)座標系を採用している。

公共10000図式では、公共測量として作成された地図情報レベル2500の数値地形図データを編集することによって、あるいは地図情報レベル2500の数値地形図データを作成するために撮影された空中写真を使用することによって、作成されることから、公共測量が採用している投影法と同じ平面直角座標系を採用した。これによって地図情報レベル10000の数値地形図データと、その他の公共測量成果との整合も確保されている。

また、平面直角座標系では19系の座標原点のそれぞれを通る子午線からの平面距離の誤差が、各座標系の範囲（東西それぞれ130km）内で1/10,000以内に収まるように決められている。一方、UTM座標系では、日本の場合は座標の原点のそれぞれを通る子午線（東経123度、129度、135度、141度、147度、153度）から±3度の範囲内で平面距離の誤差が4/10,000以内に収まるように決められている。つまり平面直角座標系の方が、より狭い距離内であれば高い精度となる。

（5）図郭の区画割（データファイル単位）

作成する数値地形図データは、地形図原図を作成する用紙の大きさを元に区画割が行われ、ひとつひとつの区画が図郭と呼ばれるとともに、この単位で数値地形図データファイルが作成される。

公共10000図式では、座標の単位にcmを採用していることから、図郭の左下を原点として7桁までの数値を格納している数値地形図データファイルでは、-999,999から9,999,999までの数値を格納できる。この範囲を図で表すと、図20のとおりとなる。-999,999cm（約-10km）は1/10,000では100cmに当たる。また、地形図原図の作成に使われる用紙には、914mm幅のものが標準的であるため、一辺を90cmとする図郭の採用が可能となる。この場合、まずないとは思われるが、南西の方向を図面の上とする区画割だけは、座標の数値が桁溢れすることになり、このような区画割は採用できないことになる。

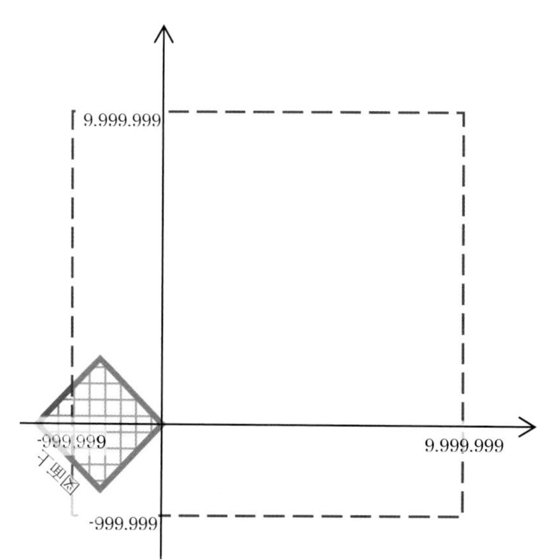

図20　公共10000図式での座標数値の格納範囲

公共測量標準図式では、図郭の区画割は格子状の正規図郭を基本としており、図郭の名称も体系的に命名されている（準則では「図郭識別番号」と呼び、英数字8桁以内としている）。その結果、地図情報レベルの値から図郭の大きさが分かるし、図郭名から図郭の位置を読み解くことができる。

地図情報レベル 10000 においては、測量計画機関ごとに独自で区画割が行われている。例えば、行政面積が広い地方公共団体では正規図郭（図 21）が採用されるが、印刷時の用紙の枚数が最少になることを狙って図郭寸法を決めたり、区画割の基準となる座標を決めたりする。その結果、僅かなはみだしなら、接続する図郭で延伸させたり、飛地は隣接する図郭の分図としたりする。命名は、左優先、上優先で付与されることが多い。

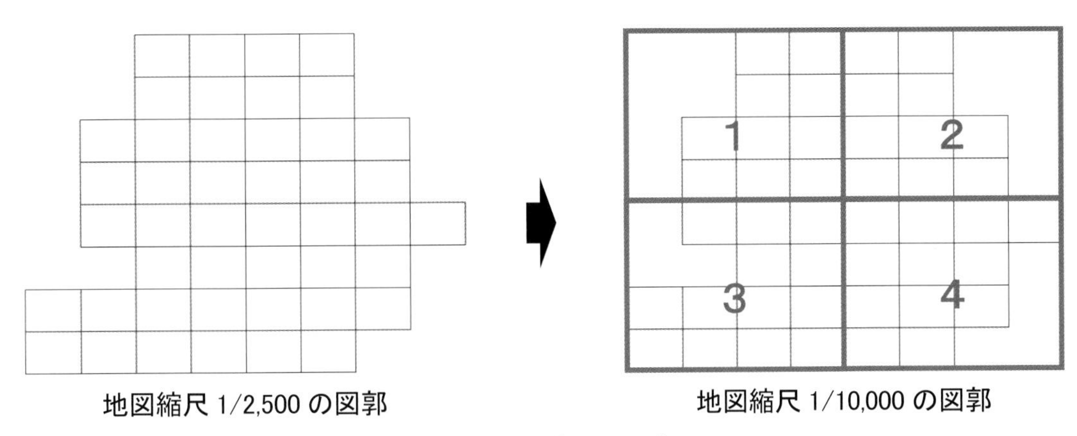

図 21　代表的な図郭の区画割

行政面積が狭い地方公共団体では、図郭同士の一部が重複したり、図郭が緯線経線の方向と一致しなかったりする非正規図郭（図 22）が採用されたりすることがある。図郭同士の一部が重複した非正規図郭では、重なった部分は、地形図原図ではそれぞれの図郭に重なった部分が表現されるが、数値地形図データファイルでは主となる数値地形図データファイルのみが数値地形図データを保持する。地形図原図では各図郭が個別に使われるが、数値地形図データは地理情報システムで統合されて利用されるためである。

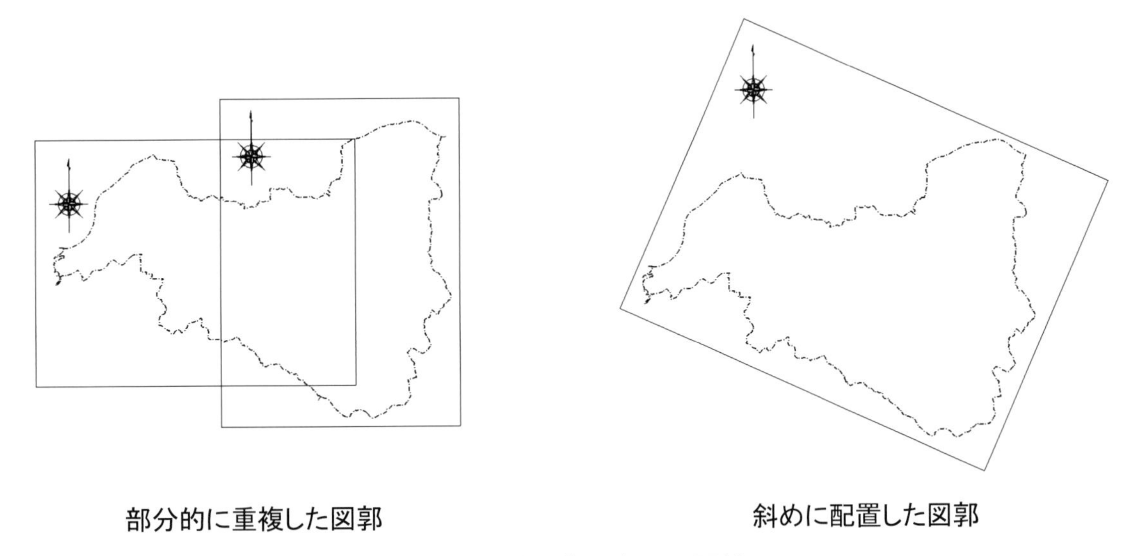

図 22　非正規図郭の区画割

図郭割りは、利便性や経済性を確保するために延伸や分図が行われることが原則である。延伸とは、隣接図郭に接して僅かにしか存在しない領域を、隣接図郭に取り込むことである。分図とは、飛地や小島といった図郭に対して僅かな面積しかない領域を、近接する図郭の空白部に取り込むことである。この場合、分図用の位置座標が分かる座標軸線が必要となる。しかしながら数値地形図データファイルでは、複数の座標系をひとつのファイル内に定義することができないため延伸や分図も、個別のファイルとして作成する。したがって、数値地形図データファイルとしては、図郭割りが行われ、図郭識別番号も持つことになる。

（6）整飾（メタデータ）

整飾には、索引図や凡例、作成年月、図郭座標値といった読図を助ける情報が書き込まれる。ただ、図郭が大きく、用紙に余白がない場合などは、凡例などが省略される場合もある。

整飾に該当するデータは、メタデータと呼ばれ、数値地形図データファイルではインデックスレコードファイルやデータファイル内の図郭レコードが該当する。インデックスレコードファイルや図郭レコードは、対象地区あるいは図郭の数値地形図データの概要を知る手がかりとなる。地図情報レベル 10000 のインデックスレコードファイルや図郭レコードを作成するに当たっての注意点は、次のとおりである。

インデックスレコード(a)

図式は、本来、作業規程に規定されているものである。したがって、数値地形図データファイル内には、使用した図式を記述する場所は設けられていない。そのため、公共 10000 図式を使用したことは、作業報告書等に記載して記録しておくことになる。

インデックスレコード(b)

図郭識別番号を規定していない測量計画機関に対しては、数値地形図データの管理のためだけでも図郭識別番号(英数字で 8 文字以内)を規定することを薦める必要がある。図郭識別番号は、データファイル内の図郭レコード(a)とリンクしているとともに、データファイル名とも一致することが、準則では規定されている。

図郭レコード(b)

座標値の単位は、10（cm）とする。一般的な地図情報レベル 10000 数値地形図の大きさは、用紙上で 60cm×80cm である。用紙の規格もあり、最大に用紙幅を使用しても 100cm であろう。この場合、実寸は 10km となる。数値地形図データファイルでは、図郭の左下を原点とし、(0,0)が使用されるため、cm 単位だと 7 桁の枠が座標欄に必要となる。座標欄の桁数は、丁度 7 桁であるため、用紙幅が最大の 100cm でも格納できる。南西方向を図面の上とするような特殊なものでもない限り、斜め図郭においても座標値にマイナスが生じて桁数の増加要因とはならないため、桁溢れすることは実質的にはないといえる。

図郭レコード(d)

測地成果区分コードは、準則では日本測地系で作成(0)、世界測地系で作成(1)、日本測地系から世界測地系へ変換(2)の 3 区分としている。また、国土地理院が提供している座標変換プログラム PatchJGD では、世界測地系から世界測地系 2011 への変換は(3)としている。このような測地系の改正の経緯からすると、測地成果区分コードとして規定されている「世界測地系」は測地成果 2000 を意味しており、測地成果 2011 で作成した場合には上述の数値以外を与え、その旨、作業報告書等に記載しておくことになる。

（7）数値地形図データファイル

グループヘッダレコード（レイヤヘッダレコード及び要素グループヘッダレコード）

要素数欄は、総数及び個々のデータタイプに対し、それぞれ 5 桁しか用意されていない。面データタイプは、建物が含まれることもあり、都市部などでは桁溢れになることもある。データタイプのどれかが桁溢れをすれば、必然的に総数も桁溢れが生じることになる。この対処法としては、0から繰り返さざるを得ず、システム上で要素数を管理している場合は、システムに要素数の繰り返しがあることを組み込み、桁溢れの修正処理をさせる必要がある。

取得年月は、地図情報レベル 10000 の数値地形図データを作成した年月を記載し、更新の取得年月及び消去年月には、"0000"が入る。

数値化区分は、グループに含まれる主流の数値化方法を記載するため、既成図からそのまま使用している要素が主流のグループでは既成図で付与されたものを、既成図の要素の多くを編集しているグループでは「他の数値地形図データの利用(3)」を、記入する。

要素レコード

要素識別番号及び要素識別番号反復回数では、5 桁分の番号しか記載できない。したがって、建物といった膨大な数が存在する可能性がある要素では、桁溢れを起こしてしまうことがある。この対処法としては、要素識別番号を外部のシステムへのリンクとして使用している場合は、空き領域を使用して桁数を増やす必要がある。なお、空き領域を使用した場合には、準則に規定されている「ユーザ領域説明書」に記載しておく必要がある。要素識別番号を外部のシステムへのリンクに使用していない場合は、0から繰り返す。つまり、要素識別番号が意図している利用が行われていず、数値は意味を持たないためである。

精度区分は、既成図の要素を編集せずに使用しているものは既成図で付与されたものを、既成図の要素を編集しているものは上位桁には他の数値地形図データの利用を示す区分を、下位桁には 10000 を示す区分を記入する。

取得年月は、既成図からそのまま使用している要素では既成図で付与されたものを、既成図の要素を編集したものは地図情報レベル 10000 の数値地形図データを作成した年月を記載し、更新の取得年月及び消去年月には、"0000"が入る。

グリッドヘッダレコード

グリットデータは、地図情報レベル 10000 で作成されることは考えられないことから、公共 10000 図式では規定していない。

不整三角網ヘッダレコード

不整三角網データは、地図情報レベル 10000 で作成されることは考えられないことから、公共 10000 図式では規定していない。

第3節　地図情報レベル 2500 から 10000 への地図（縮小）編集の実際

空中写真測量によって新規に数値地形図を作成する際は、数値図化の前に現地調査があり、地形図として表現する地形・地物の調査が行われる。したがって数値図化の際には、どの地形・地物を、どのような分類で、どの範囲を図化すればいいか、悩むことはない。

一方、地図編集は、作ろうとしている数値地形図より地図情報レベルの小さい既存の数値地形図データ（これを準則では「基図データ」と呼ぶ。本書ではさらに特段の説明がない場合には地図情報レベルは 2500 を対象としていることとする）を使用する縮小編集であるため、基図データにある地形・地物を面積や長さに応じて取捨選択したり、形状を変えたり、分類を変えたりしなければならない。例えば、両縁で表現されている道路（これは、真幅道路、真形道路、二条道路などと呼ばれる）は、道路幅によっては道路中心線で表す一条線による表現の軽車道や徒歩道に変えなければならない。

しかしながら公共測量における数値地形図データでは、道路の例でいえば、道路の実態は街区を囲った線であり、道路を特定できる構造とはなっていない。したがって、二条線から一条線に変えるには、道路幅を特定するために対となる街区線を検出し、それらの街区線から道路幅を計算、計算結果によって一条線に変えるか否かを判断、変えるとなると変える範囲を計算結果から判定し、中心線を作成して一条線として整形するとともに、街区線はその部分を削除しなければならない。縮小編集で道路を二条線から一条線に変更するということは、簡単なようでかなり複雑かつ高度な処理が要求される。そのためプログラムの処理では難しく、手作業で編集することになる。このような地図（縮小）編集によって、地図縮尺 1/10,000 で表示した際に読図しやすい数値地形図データを作成することができる。

一方、地理情報システムの発達は、地理情報システムの表示機能の拡大・縮小によって、あたかも数値地形図データをどのような縮尺にでも表示できるという考え方を広め、前述のような手間暇を掛けた手動での地図編集を行うことを経済的に困難としている。確かに地理情報システムでは拡大・縮小を簡単にできるが、表示縮尺に適した表現はできない。

その結果、分類コードによる取捨選択といった非常に単純で自動的に行える処理を最初に行い、それに対して図式に従って修飾したデータを使用し、目視点検で不備のある表現を検出し（図 23）、その部分を編集するのが標準的な作業方法となっている。本節では、この「標準的な作業」について解説する。その際、標準的な方法では地図情報レベル 2500 の数値地形図データから地図情報レベル 10000 の整備に必要な多くのものが取り込まれ、取り込んだ後に不要なものを削除していく方法で編集が行われる前提とする。また、図式化の方法には、地図編集を終えた後に一括で行っている企業と、地図編集と同時に行う企業が存在し、前者は地図編集後に図式化を行い、不備な箇所があれば修正する。後者は地図編集しながら逐次図式化を行い、不備な箇所がでれば、その都度、修正する。不備な箇所が発生するのは、どちらの方法でも、対となって面を構成する人工斜面や射影のある被覆に修飾されるケバ線記号やりん形記号、対となって平行線に修飾される石段の段部などである。これらが、本書で解説する主な編集内容でもある。

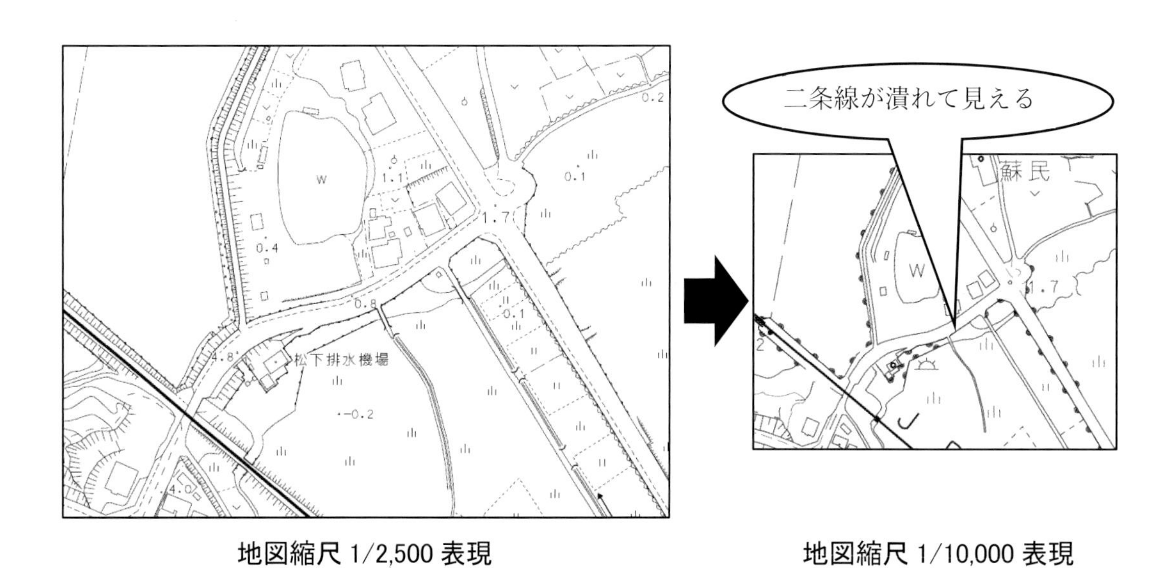

三重県市町総合事務組合管理者提供（承認番号 三総合地 第 67 号）

図 23　地図縮尺の違いによる二条道路の見え方の違い

(1) 道路等

道路は、地図情報レベル 2500 の基図データをそのまま使える割合の最も高い要素のひとつである。しかし、数が多く広く分布するため、景況によっては地図編集が必要になることもある。

幅員の狭い道路は、幅員に応じて軽車道や徒歩道として道路中心線による一条線で表現し、道路種別を分類する（図 24）。

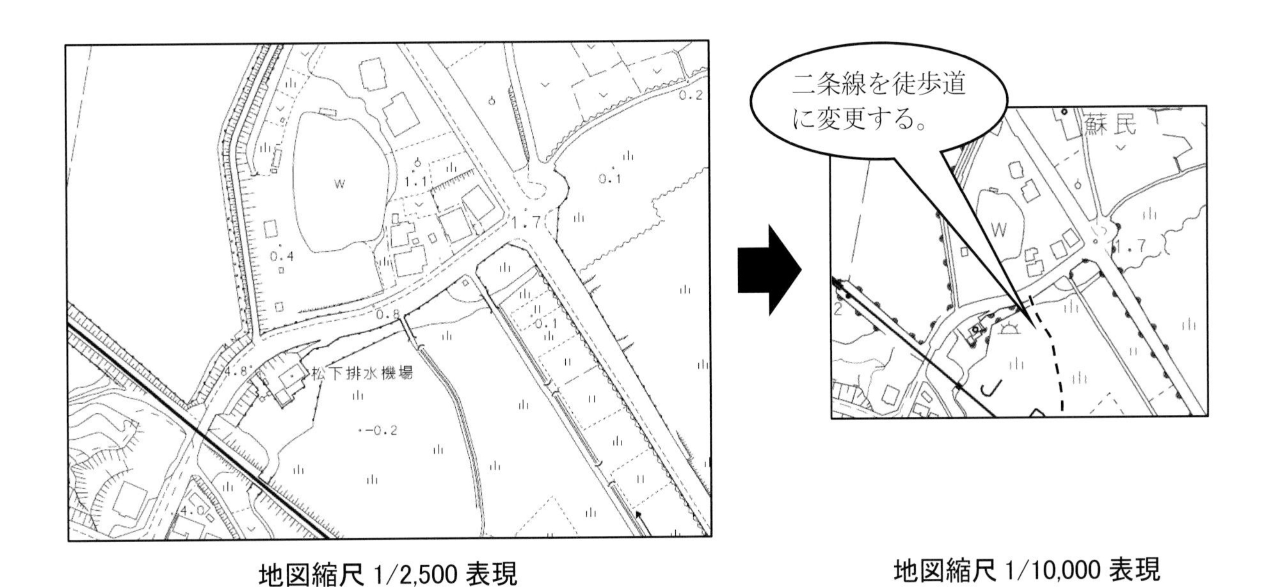

三重県市町総合事務組合管理者提供（承認番号 三総合地 第 67 号）

図 24 二条道路から一条道路への変更

長さがおおむね図上 5.0mm 未満や宅地につながるだけの重要度の低い道路を削除する。同様に徒歩道や軽車道で、建物密集地域にあるものや適用基準を満たさないものは削除する（図 25）。

図上で表現される距離が短くなって道路に変更される石段は、段部線が表現できる長さが変更するかしないかの判断基準となる。つまり、段部線が三本以上表現できれば石段のまま表現し、二本以下なら道路に変更する。ただし、幅員の図上幅が軽車道や徒歩道になる場合は、軽車道や徒歩道となる。

道路に面する被覆は、射影がない場合には真位置が道路縁となり、半円記号が道路内で表現される。これによって道路の視認が困難なになる場合には、被覆は削除する。

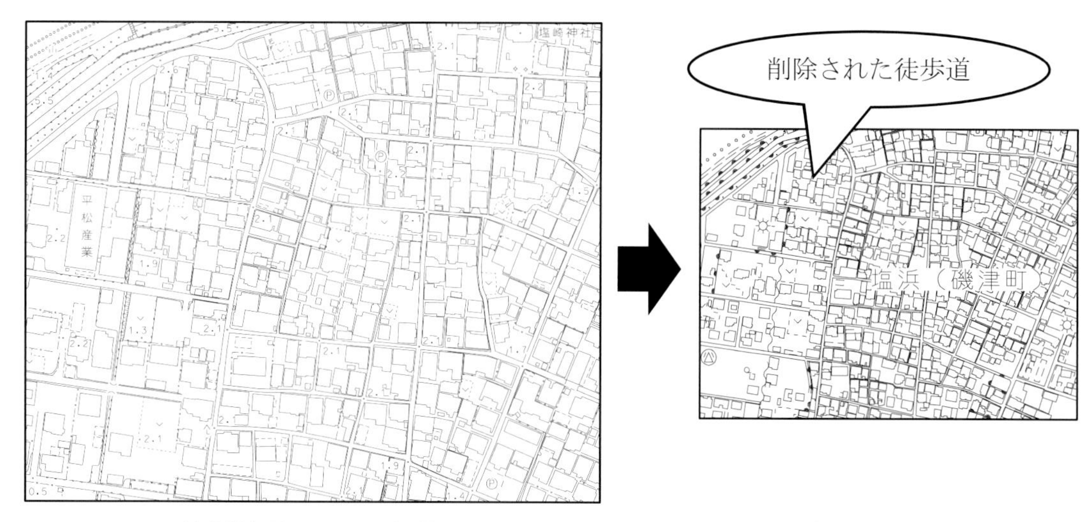

地図縮尺 1/2,500 表現　　　　地図縮尺 1/10,000 表現

三重県市町総合事務組合管理者提供(承認番号 三総合地 第67号)

図 25　建物密集地域にある徒歩道の削除

道路は、街区や耕地といった地物の範囲を囲う境界の一部を担う。その道路が、長さの基準等によって削除された場合は、道路を挟んで存在していた地物が、直接、接して存在するようになる。このとき接する地物が異なる分類で、それぞれに十分な面積があれば、道路に変わって区域界や植生界を描画する必要が生じる。どちらか、あるいは片方が面積基準を満たしていなければ、広い面積をもつ地物を優先するという原則に立ちつつも、景況に応じてひとつの地物に統合する。

道路に重複しているかきを削除した場合は、道路の間断区分を表示設定に変更して視覚的な連続性を確保する必要がある。

トンネル内の道路は、資料が入手可能であれば入手して入力する。その際、トンネル内の道路の位置精度よりも、道路が繋がっていることを表現することを重要視する。

(2) 道路施設

道路施設は、地図情報レベル 2500 の基図データを地図縮尺 1/10,000 でそのまま表現した場合、小規模なものは表現が潰れるなど、読図が困難になりがちで、地図編集が必要となる。

道路橋及び徒橋といった橋は、道路や鉄道、河川といった代表的な線状地物に対しては、短い地物であるため、他の地形・地物に対して目立つように太めの線号が規定されている。これらの短い地物が、基図データから取り込まれ、地図縮尺 1/10,000 に縮小されると、当然のことながら隣接地物も含めて 1 箇所に集まってきて図上面積当たりの情報量は増える。一方、視認性は低下し、読図しづらくなる。そのため長さがおおむね図上 1.0mm 未満のものや重要度の低いものは道路に変更することで橋周辺の視認性を向上させる。また、道路橋に接続する道路を軽車道及び徒歩道に変更している場合は、道路橋は徒橋に変更する必要がある。

横断歩道橋は、長さがおおむね図上 2.0mm 未満のものや重要度の低いものを削除する。削除した後、横断歩道橋の下を通過する道路、歩道及び分離帯の間断区分を表示設定に変更して連続性を確保する必要がある。

狭い歩道は、道路との白部がなくなって歩道としては読図できなくなるため、幅員がおおむね 3.0m 未満のものや重要度の低いものは削除する。

石段は、小規模なものは石段として読図できなくなるため、長さがおおむね図上 1.0mm 未満のものや重要度の低いものは、道路に変更することで石段周辺の視認性を向上させる。また、石段の段部線は図上 0.4mm 間隔で作図し直す。

道路のトンネル（坑口）は、射影が図上 1.2mm 以上のものを真形で表示し、それに満たないものは記号で表示する。基図データで真形表示の基準に満たないものは、トンネル入り口として読図できなくなるため、記号に変更して強調表示する。

並木は、長さがおおむね図上 1cm 未満の並木路や重要度の低いものを削除する。記号は真位置に表示するのが原則であるが、間隔が図上 2.0mm 未満の場合は、図上 2.0mm 間隔を目安に意匠的に表示する。

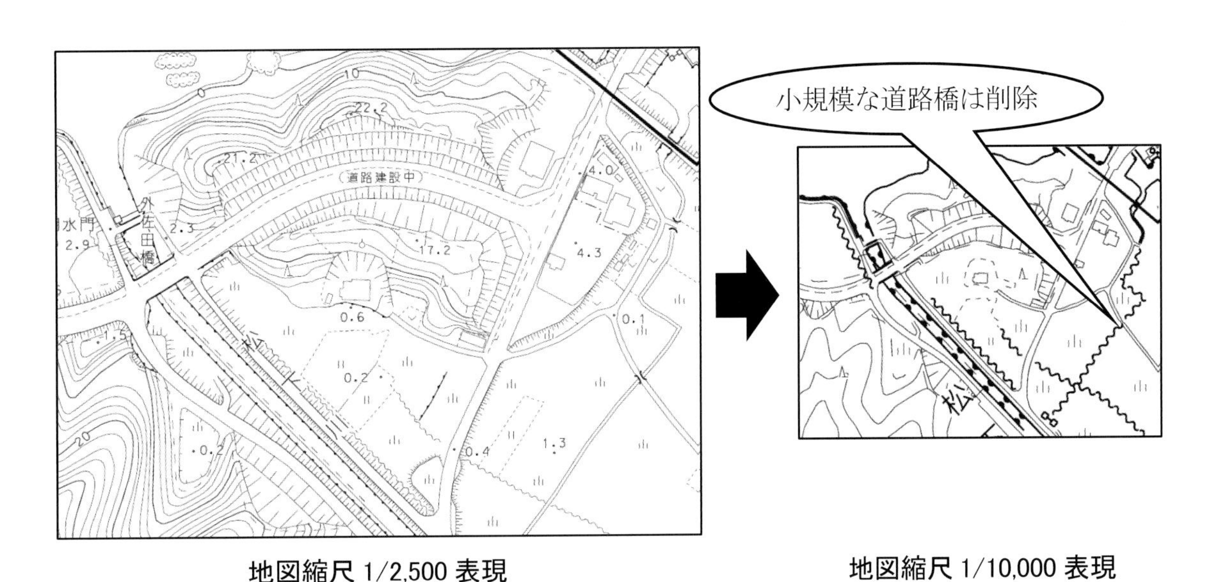

地図縮尺 1/2,500 表現　　**地図縮尺 1/10,000 表現**

三重県市町総合事務組合管理者提供（承認番号 三総合地 第67号）

図 26　小規模な道路橋の削除

(3) 鉄道等

鉄道で地図編集が必要になる場所は、車両基地等の線路が密集する箇所や線路と鉄道橋が近接した箇所等である。他にも鉄道トンネルを真形から記号に置き換える作業や線路に沿って配置された注記の再配置等の編集が必要となる。次にそれぞれの編集方法について記載する。

線路が密集する箇所については、その敷地に比較的余裕があれば白部が存在するように各線路を少しずつ転位する。転位する白部がなく線同士が重なる場合は、いくつかの支線を併合する。併合する場合はその先の線路の繋がりを考慮する必要がある。例えばホームに接続する支線や線路の一番外側の支線は併合しないように編集する必要がある。図 27 に編集例を示す。

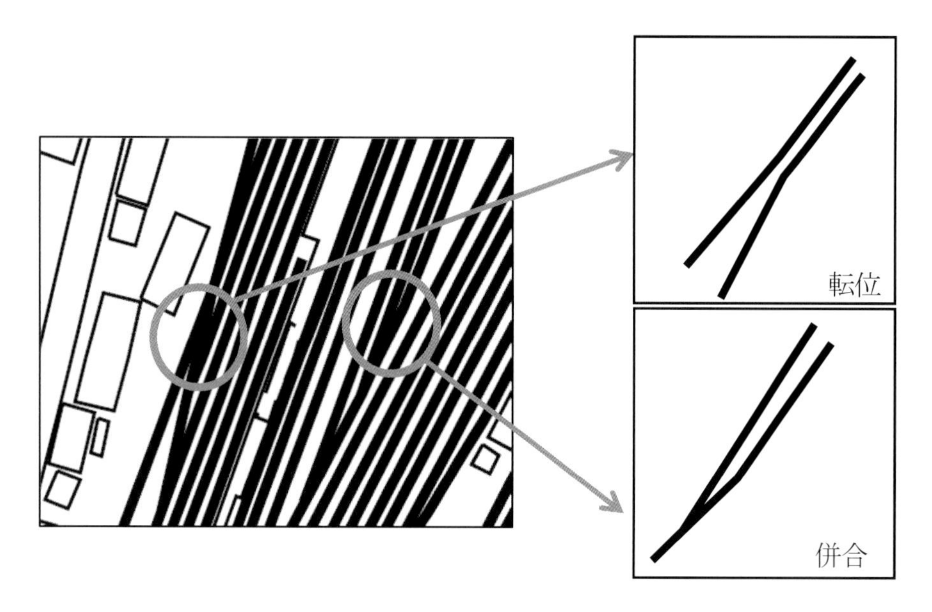

図 27　線路が密集する箇所での転位と併合

また、引き込み線の先に更に引き込み線がある場合は、繋がりのある線路は併合せずに残し、繋がりのない線路を併合する。図 28 では、破線で示した線は隣接支線へ併合し、その併合した線路は先には引き込み線があるため残している。

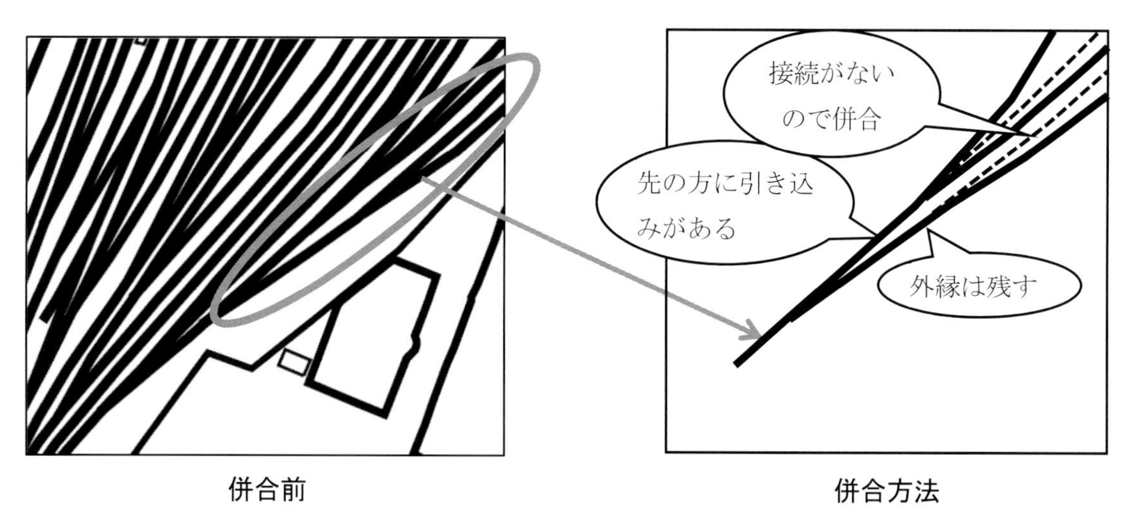

併合前　　　　　　　　　　　　併合方法

図 28　鉄道の引き込み線の併合

鉄道トンネル（坑口）は、地図縮尺 1/2,500 から地図縮尺 1/10,000 に縮小すると表現できなくなることがある。その場合は、図 29 のように記号に置き換える。

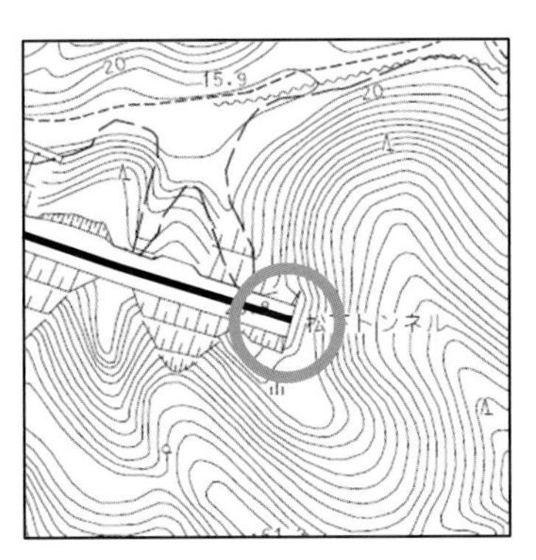

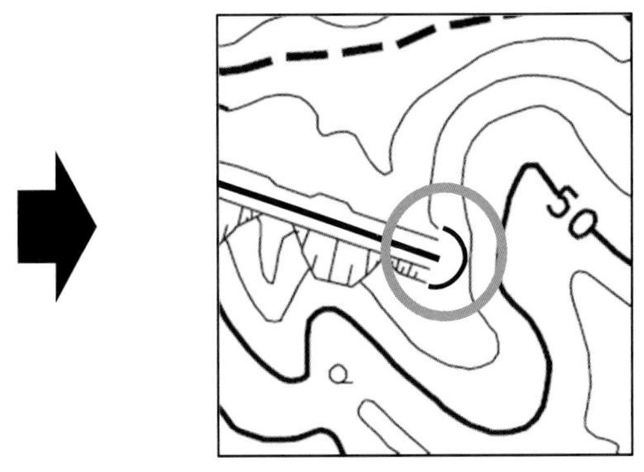

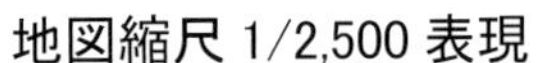

地図縮尺 1/2,500 表現　　地図縮尺 1/10,000 表現

三重県市町総合事務組合管理者提供（承認番号 三総合地 第 67 号）

図 29　鉄道トンネルの強調（真形から記号への変換）

トンネル内の鉄道は、資料が入手可能であれば入手して入力する。その際、鉄道の位置精度よりも、鉄道が繋がっていることを表現することを重要視する。

(4) 建物

建物は、地図縮尺 1/10,000 での取捨選択の目安としては、図上 0.4mm × 0.4mm が使われる。これは地図縮尺 1/10,000 で建物が、建物として読図できる大きさである。

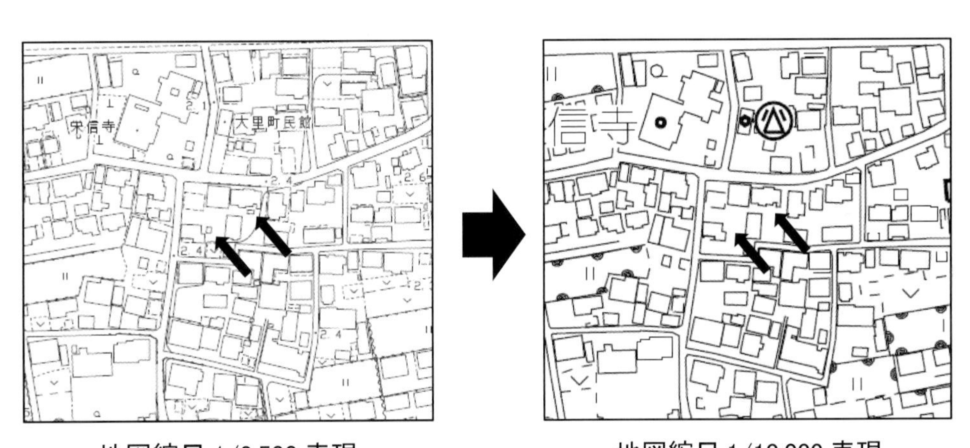

地図縮尺 1/2,500 表現　　地図縮尺 1/10,000 表現

三重県市町総合事務組合管理者提供（承認番号 三総合地 第 67 号）

図 30　建物の選択（小規模建物の削除）

建物には、注記や記号が付されているものもある。地図縮尺 1/2,500 から地図縮尺 1/10,000 に縮小することによって、図上面積当たりの集約度が上がり、背景の地形・地物を隠蔽する度合いが高くなる。一方、縮尺が小さくなって一覧性が向上するため、目標としての注記や記号の重要性が低くなる。したがって、読図のための目標として配置を考え、その配置毎に近接する注記や記号の重要度によって取捨選択する。このとき注記は、記号よりも優先され、記号に変換して残存させることもある。

建物記号を削除する場合は、指示点が配置されている場合もあるため、指示点も併せて削除する。特定の建物記号を一律に削除する際には、指示点を持つものがないか注意する。建物記号や建物注記が建物自体を隠蔽するようであれば指示点を付し、上下左右のいずれかを原則として周辺の地形・地物の隠蔽が最小になる位置に配置する。

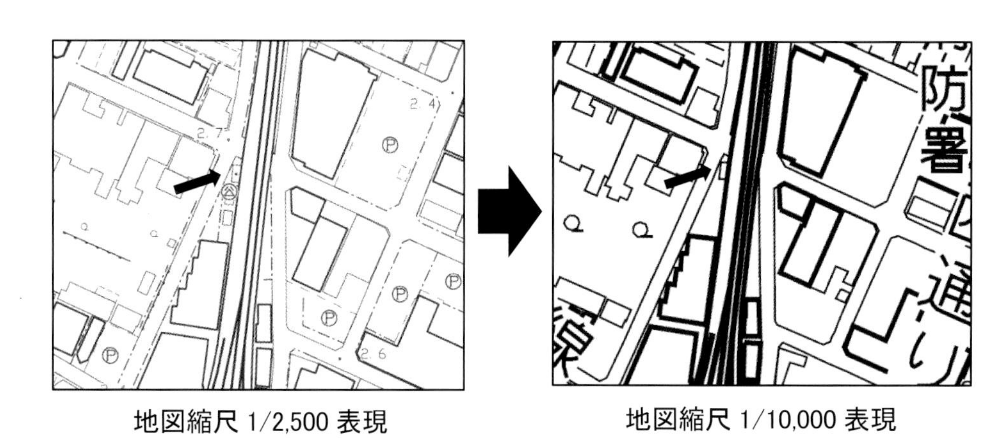

地図縮尺 1/2,500 表現　　地図縮尺 1/10,000 表現

三重県市町総合事務組合管理者提供(承認番号 三総合地 第67号)

図 31　記号の指示点の削除

(5) その他の小物体

その他の小物体は、好目標として表現されているため、縮尺が小さくなったからといって単純に削除するものではない。地図縮尺 1/10,000 に応じた配置となるように編集する。同一の小物体が密集している場合には意匠的に配置し直す。

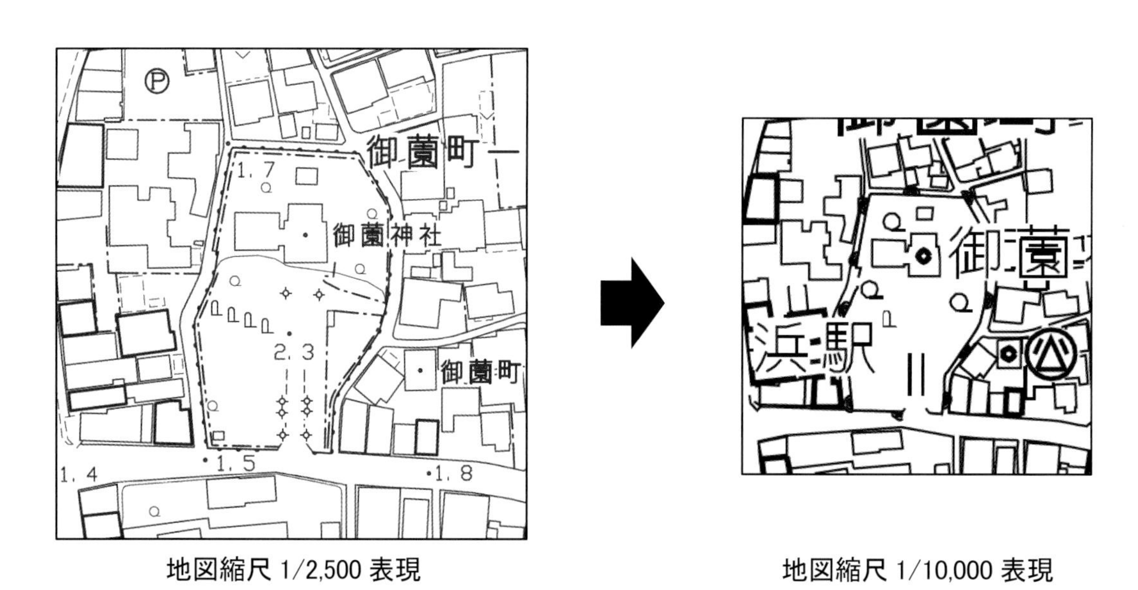

地図縮尺 1/2,500 表現　　地図縮尺 1/10,000 表現

三重県市町総合事務組合管理者提供(承認番号 三総合地 第67号)

図 32　記号の意匠的な配置

坑口は、基図データで真形の場合、地図縮尺 1/10,000 で表現できなくなることがある。その場合は、図 33のように真形から記号に変換する。

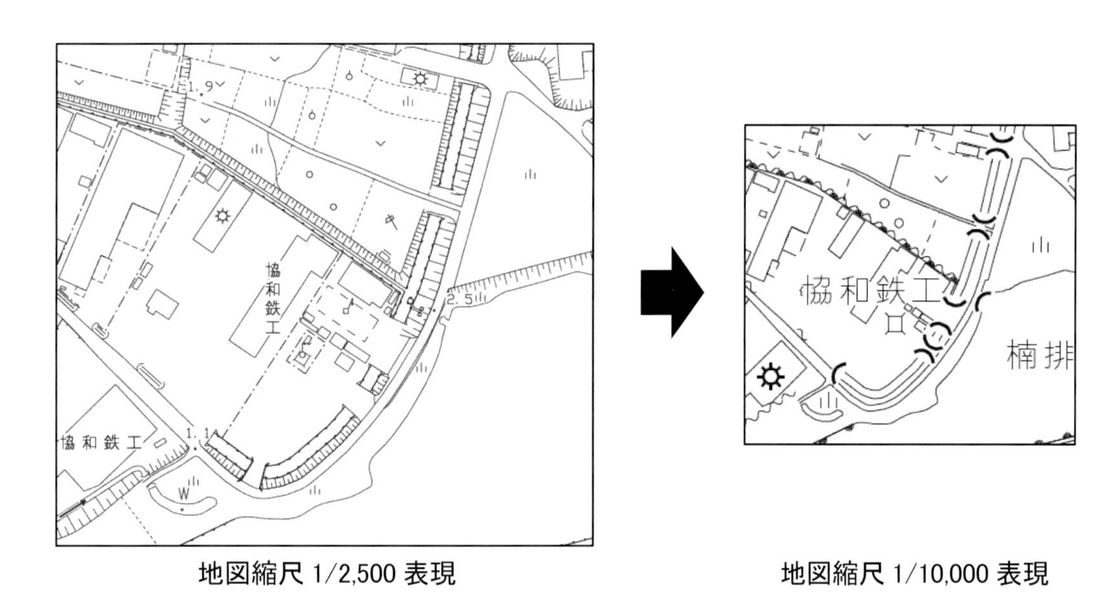

三重県市町総合事務組合管理者提供(承認番号　三総合地　第 67 号)

図 33　坑口の記号化

坑口を表示する対象となる河川が地図編集時に削除されている場合、及び二条河川が一条河川へ分解されている場合は、坑口と地下部を削除する(図 34)。

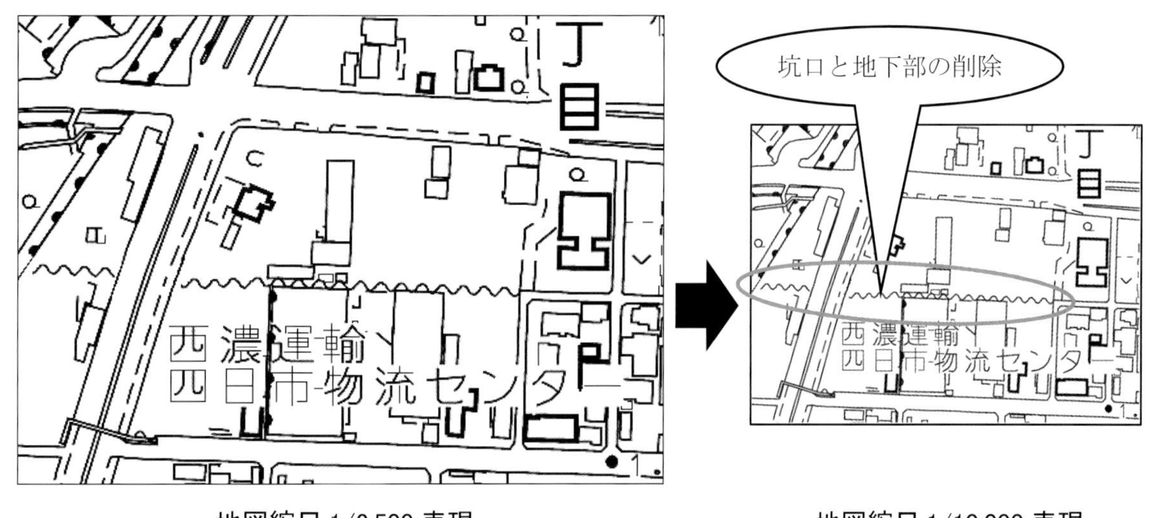

三重県市町総合事務組合管理者提供(承認番号　三総合地　第 67 号)

図 34　坑口と地下部の削除

タンクや高塔は、高さがある一方、周辺には高いものが少ない地区に建設されるのが一般的であるため、好目標となり、地図表現上、重要な地物となる。そのため図上でもある程度の大きさを規定していて、極小記号を使う場合でも、タンクは直径を図上 1.6mm（地上 16m）で、鉄塔は一辺を図上 0.8mm（地上 8m）で規定している。したがって、極小記号で表示しても周辺の地物と接触したり、タンクではタンク同士が接触したりすることもある。そのため周辺の地形・地物を小さくしたりする（ただ、どうしても周辺を編集できない場合は、タンクや鉄塔の記号を極小の寸法より小さくする場合もある）。タンクでは、タンクの数を減らし、タンクが群立している雰囲気がでるように配置する。いわゆる意匠的配置を行う。

輸送管は、長さが図上 3.0mm以上ものに適用し、条件を満たさないものや、重要度の低いものは削除する。ただし、工場敷地等で景況を表すのに必要なものは、条件に満たなくても残す。

送電線は、当然のことながら鉄塔間は直線である。これは、数値図化の際にひとつの立体モデル内に両端の鉄塔があれば実現できる。しかしながら、送電線は連続的であり、立体モデルを跨いで存在するものもある。立体モデルを跨ぐ送電線は、別々の立体モデルで鉄塔のみを計測し、あるいは隣接する鉄塔間で描かれた送電線端を参考に編集システムで繋げる。作業地域の端では、片方の鉄塔を図化できる立体モデルが存在しない場合がある。そのような場合は、送電線が写っている立体モデルの中で、送電線自体を図化するしかない。このように図化した送電線を、地図情報レベル 2500 図郭の数値地形図データを作る際に切り取っていれば、地図情報レベル 10000 の図郭に統合しても特段の問題はおきない。しかしながら鉄塔間で図化されていなかったり、切り取りで図郭毎のデータが作られていなかったりすると、例え接合されていたとしても、地図情報レベル 10000 上では、送電線が折れて見えることもあり、地図情報レベル 2500 の図郭端にあたるところは注意して点検する必要がある。（図 35）

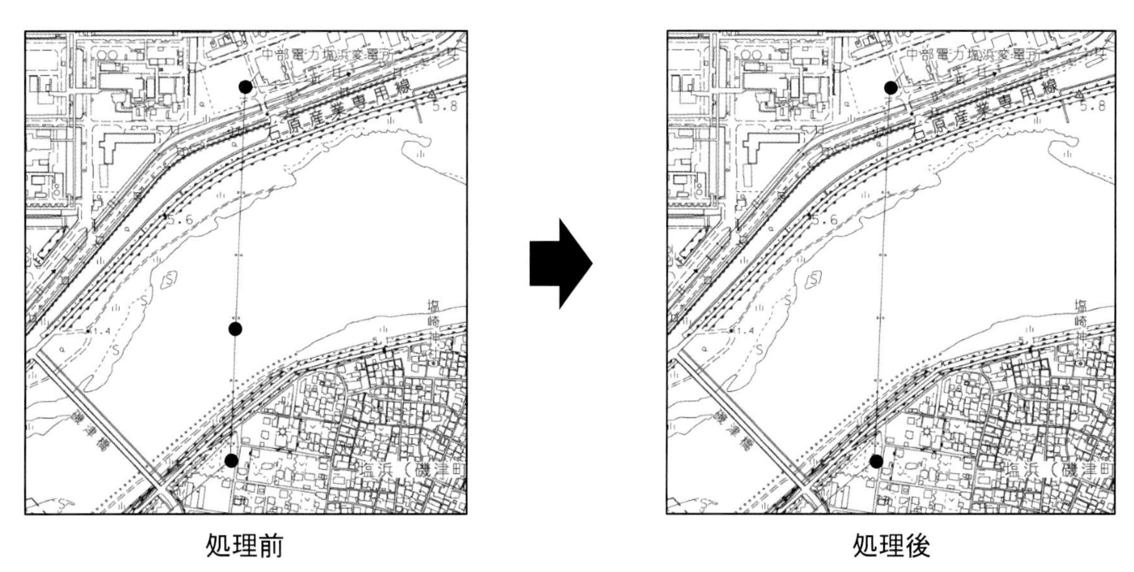

三重県市町総合事務組合管理者提供（承認番号 三総合地 第 67 号）

図 35 送電線の接合ノード点（●）の削除

(6) 水部等

水部の地図編集では、川幅による種別の変更や周辺地物との図上近接による転位、景況を表すために入力されていた用水路の削除、などがある。

河川や海岸線といった水涯線の主な編集作業は、縮小によって川幅を表現できなかった河川の編集で、長い区間に渡って川幅を表現できなかった場合（図上 0.3mm 未満が目安）には、分解して一条線に変更、瀬などによって局部的に二条線で表現できないくらい狭くなったところは、景況を踏まえて広げる。なお、河川は、平水時を表現するのが原則であるが、平水時が具体的に定義されているわけではなく、河川といった性質上、景況に応じた形状編集が許される。

水涯線（河川）は、水の流れの連続性を表現しているのに対し、一条河川は、幅の狭い用水路を主な表現対象とし、水の流れの連続性よりも、そこに河川があり、目印となることを意図している。

したがって、連続性も考慮しつつも、短いもの（図上 0.5mm が目安）や、道路沿いに流れていて道路と図上で近接するものは、削除する。道路と図上で近接しているが、連続性を考慮することが望ましいものは、道路との間に微量の白部を設ける。

なお、一条河川は、地形図原図を作成する際は解糸状に図式化する。そのため多くは波記号（～）を連続的に配置していく。その結果、折れ点で波記号の端が飛びだしたり、折れ表現ができなかったりする。また、終端が元となる一条河川と図式化した解糸状線とでは、一致しなかったりする。さらには、一条河川は狭い所を通っていて、隣接する地物と接触しがちであり、波記号を扁平にしたり、隣接地物を転位させたりしなければならないこともある。

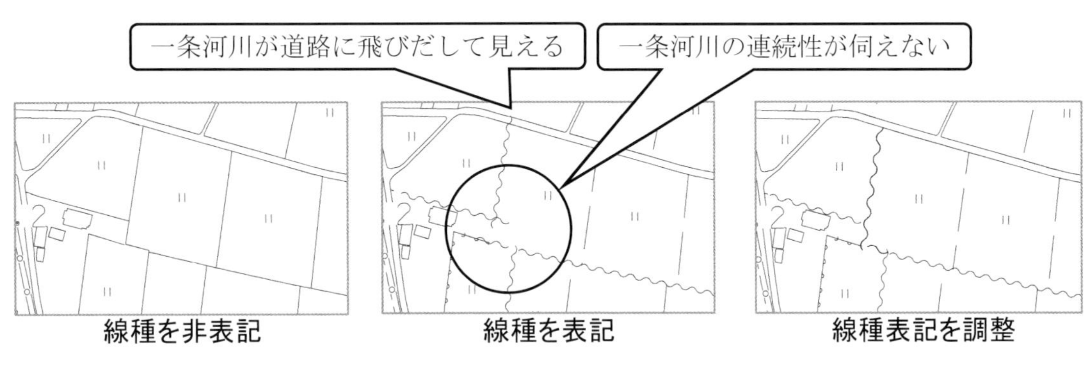

図 36　一条河川の図式化

水涯線には，被覆や人工斜面などが重複している場合が多く、水涯線が編集された場合には、重複している地形・地物にも編集が及ぶことになる。例えば、二条河川が一条河川に変換されたり、一条となった用水路を削除したりした場合は、多くの場合、水涯線に重複する射影のない被覆は削除される。射影のある被覆は、射影のない被覆に変わる場合もある。

湖や池などで、一条河川への出口で徐々に狭くなっている箇所で、図上で近接する場合は、その部分を湖や池などから分解し、一条河川として表現する必要がある。

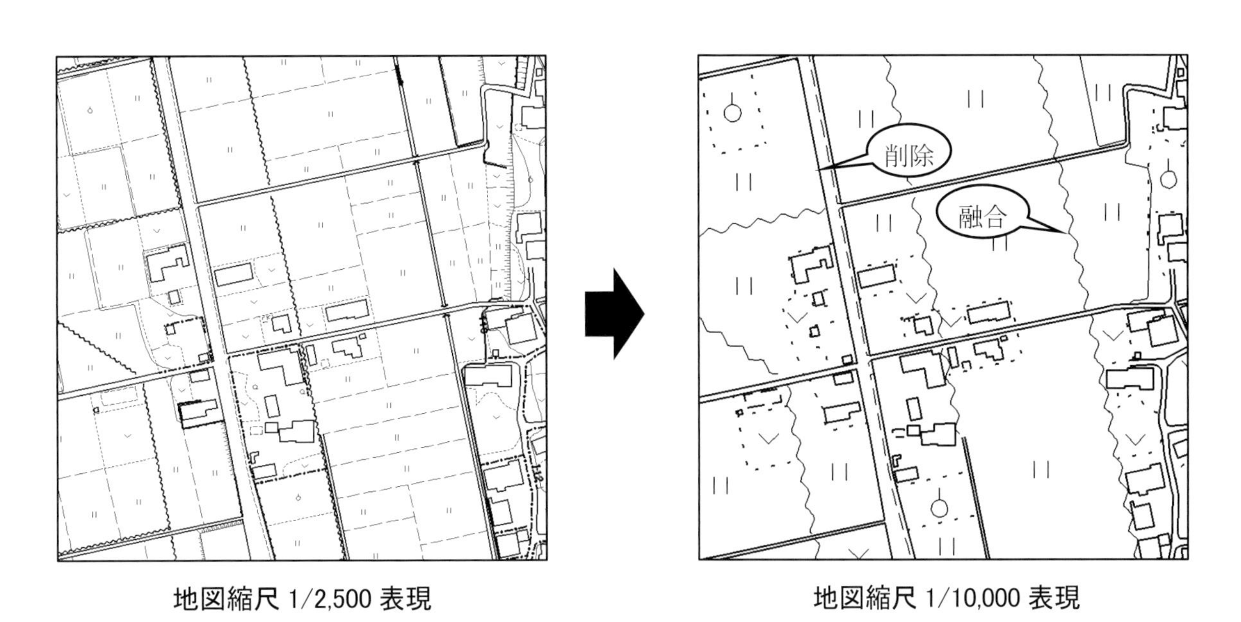

三重県市町総合事務組合管理者提供（承認番号 三総合地 第67号）

図 37　水部等における削除と変更

湖池は、おおむね図上 1.0mm 平方以上のものを表現することを標準とするため、適用に満たないものは、著名なものでなければ削除する。

基図データで水路に重複している地物（被覆等）がある場合で、編集により削除したり融合・誇張したりした場合は、重複している地物も編集する必要がある。図 37 では、多くの一条河川が削除され、多くの水涯線（河川）が融合されて一条河川に編集されている。

(7) 水部に関する構造物

水部に関する構造物は、基図データを地図縮尺 1/10,000 でそのまま表現した場合、川幅の狭い箇所や入り組んだ形状の箇所は、縮小表示によって表現が潰れて読図が困難になる。次にそれぞれの編集方法について記載する。

滝やせきで、基図データにおいて幅が図上 0.8mm 未満のものは極小記号で表示する。

水門で小規模なものは、極小記号で表示し読図を向上させる。

透過水制は、地図縮尺 1/10,000 でそのまま表現した場合、りん形記号の白部が狭くなり煩雑となるため、その区域の広さにしたがって図上直径 0.4mm の円記号を 0.8mm 間隔にりん形に再配置する。

流水方向は、水の流れる方向が図上において識別困難な場合に表示する。

(8) 人工斜面等

ここでは、地図縮尺 1/10,000 への地図編集が必須となる人工斜面、被覆、構囲について地図編集方法を説明する。

人工斜面は、斜面の高さが 1.5 m 以上、射影の幅が図上でおおむね 1.0 mm 以上のもの選択し表示する。ケバ線記号の寸法が縮尺ごとに異なるため元の縮尺のケバ線記号を削除し、地図縮尺 1/10,000 の寸法で配置を見直す。人工斜面の採否に関する明確な基準は公共図式 10000 には設けていず、ケバ線記号が表現できる大きさが目安となる。地図情報レベル 2500 には小規模なものが多く存在するため、目視又はプログラムにより微小な人工斜面を抽出して削除する。人工斜面が削除されたことによって、非表示にされている等高線等の間断区分を表示設定に変更しなければならない。

さらに小段が存在する人工斜面や被覆は、元の縮尺では別々に表現していたものをひとつにまとめて表現（集約）する。

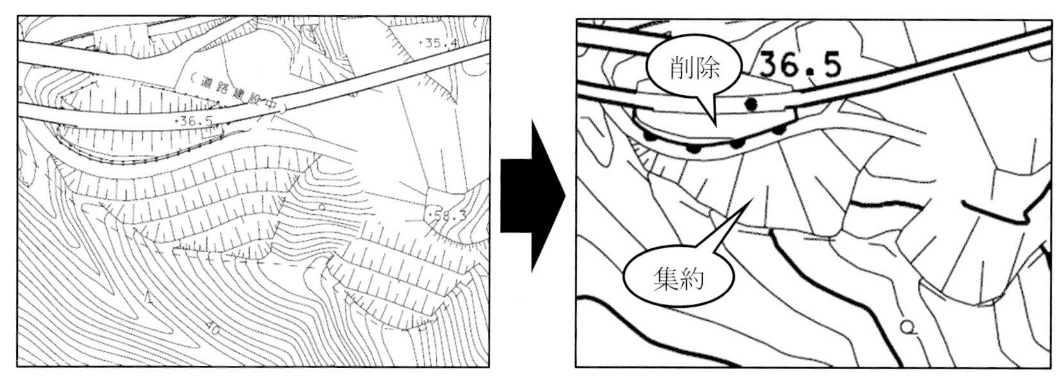

地図縮尺 1/2,500 表現　　地図縮尺 1/10,000 表現

三重県市町総合事務組合管理者提供（承認番号 三総合地 第 67 号）

図 38 人工斜面の集約と削除

人工斜面のデータ構造は、上端線（図形区分 11）と下端線（図形区分 12）から構成されていて、その一部を省略する場合は「上端線」「下端線」「ケバ線記号」をセットで行う必要がある。また上端線と下端線は、端点を一致させる構造となっているため、省略により線を部分編集する場合でも端点の一致を確保する必要がある（図 39）。

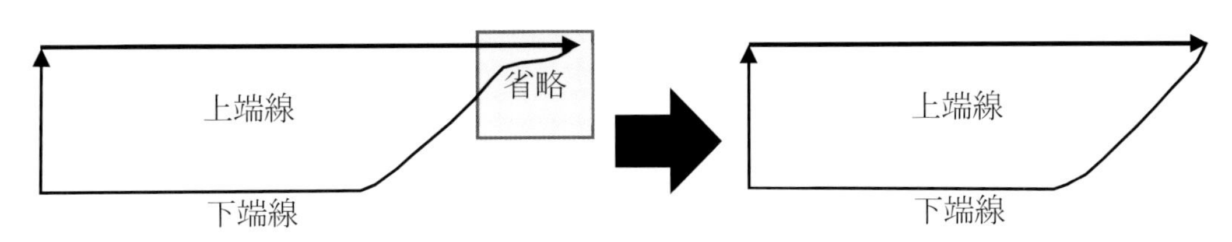

地図縮尺 1/2,500 表現　　**地図縮尺 1/10,000 表現**

図 39　上端線・下端線の編集

被覆は、高さが 1.5m 以上ものを表示することを原則としているが、長さや形状によっては表示しないことも多い。射影の幅が図上 0.5mm 以上のものについては、射影を上端線と下端線により表現する。被覆の地図編集は、人工斜面とほぼ同じ流れで行われるが、射影のある被覆が、射影のない被覆に変換されることがある。射影のない被覆は、道路沿いの急崖の被覆といった比高のあるものは残すようにする。図 40 は、人工斜面と被覆について地図情報レベル 2500 から 10000 への地図編集の例を示したものである。全ての人工斜面と射影のない被覆は、削除されている。射影のある被覆は、地図縮尺 1/10,000 に適した表現に変更されている。

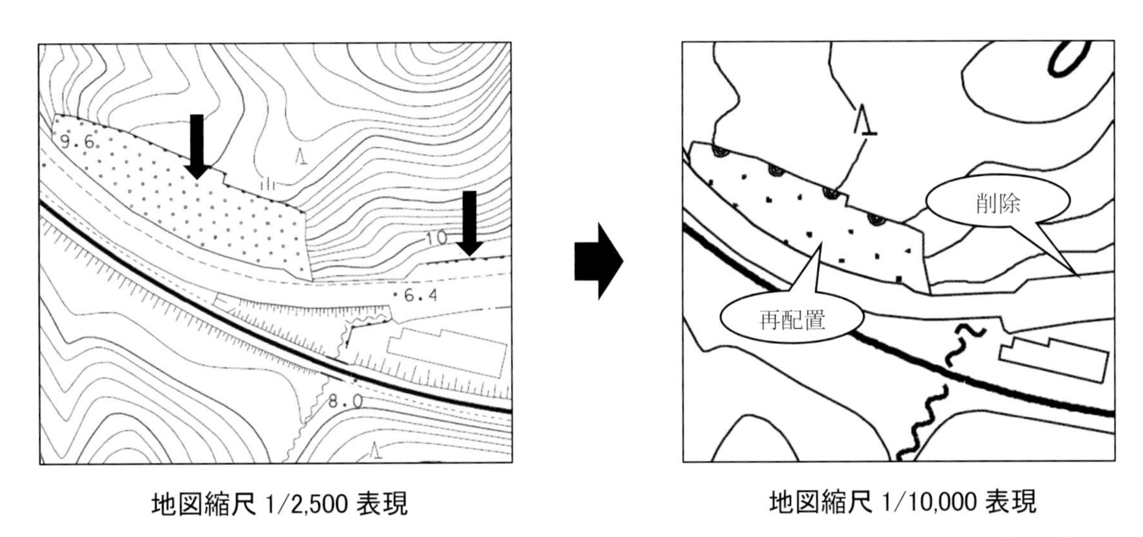

地図縮尺 1/2,500 表現　　**地図縮尺 1/10,000 表現**

三重県市町総合事務組合管理者提供（承認番号 三総合地 第 67 号）

図 40　人工斜面と被覆の編集

河川の両側に設置された被覆は、地図縮尺 1/10,000 で表現した時に被覆を修飾した半円記号が河川の中を埋めて河川自体を隠蔽する場合があり、特に用水路ではこのような景況が増える。この場合は、被覆を削除することになる(図 41)。

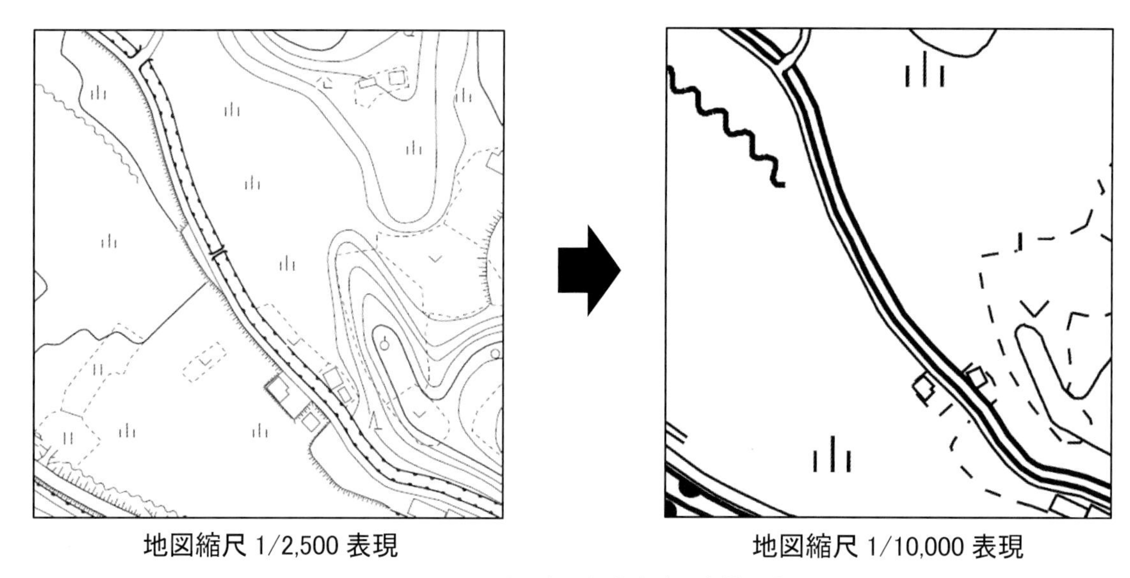

地図縮尺 1/2,500 表現　　地図縮尺 1/10,000 表現

三重県市町総合事務組合管理者提供(承認番号 三総合地 第67号)

図 41　用水路と重複する被覆の削除

構囲は、長さが図上でおおむね 10mm 以上ものを表示することを原則としている。地図縮尺 1/10,000 では 100m となり、かなりの規模のもののみが採用されることになる。そのため、地図縮尺 1/10,000 で表示する構囲は、主に学校や工場等の大規模施設を囲む堅牢な構囲が対象となる。これ以外、堅牢な構囲であっても、学校や工場等の施設の規模が小規模なものであれば採用されない。人工斜面や被覆を兼ねている場合も、人工斜面や被覆を優先して表示し、構囲は削除する。これらの理由により地図縮尺 1/10,000 では、構囲が表現されることは少ない。

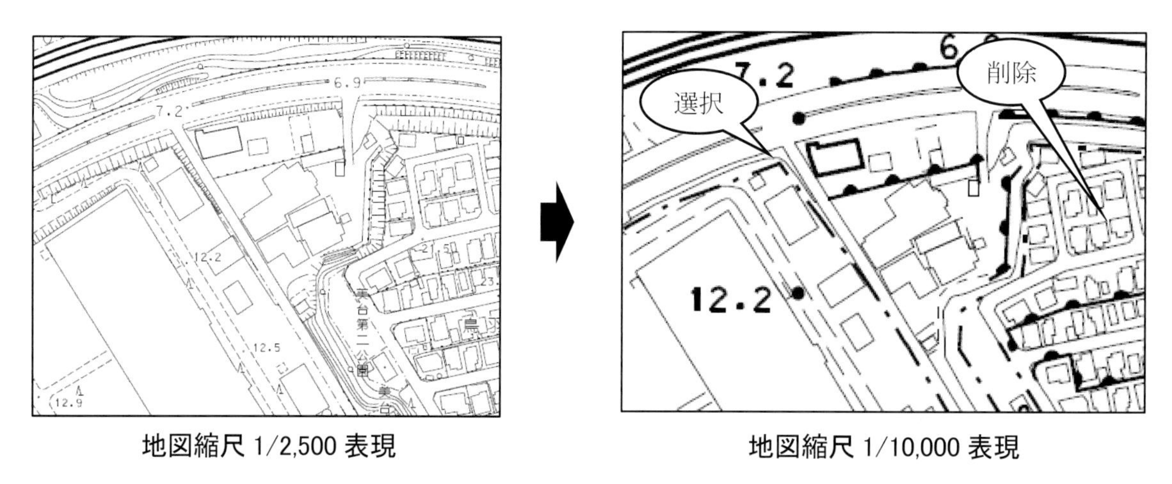

地図縮尺 1/2,500 表現　　地図縮尺 1/10,000 表現

三重県市町総合事務組合管理者提供(承認番号 三総合地 第67号)

図 42　構囲の編集

(9) 建物記号以外の地図記号

諸地、場地、植生といった建物以外の地図記号は、記号が表す範囲の大きさが変わることによって地図編集が必要となる。

諸地、場地、既耕地の植生記号は、おおむね図上 3.0mm×3.0mm 以上のものを表示し、未耕地の植生記号は、図上 4cm×4cm におおむね 2～4 個の記号を表示する基準としている。

基図データで複数の同一記号が隣接して存在する場合は、景況に応じて基準が表す範囲を融合してひとつの範囲として記号を表示する。複数の異なる記号が隣接して存在する場合は、その範囲内で各記号が示す面積の大小を踏まえつつ、最も景況を表すに相応しい記号を選択し、適切な位置に表示する。

また、記号の編集にあわせ、その区域の地物縁、区域界、植生界及び耕地界を景況に応じて分類し直す。

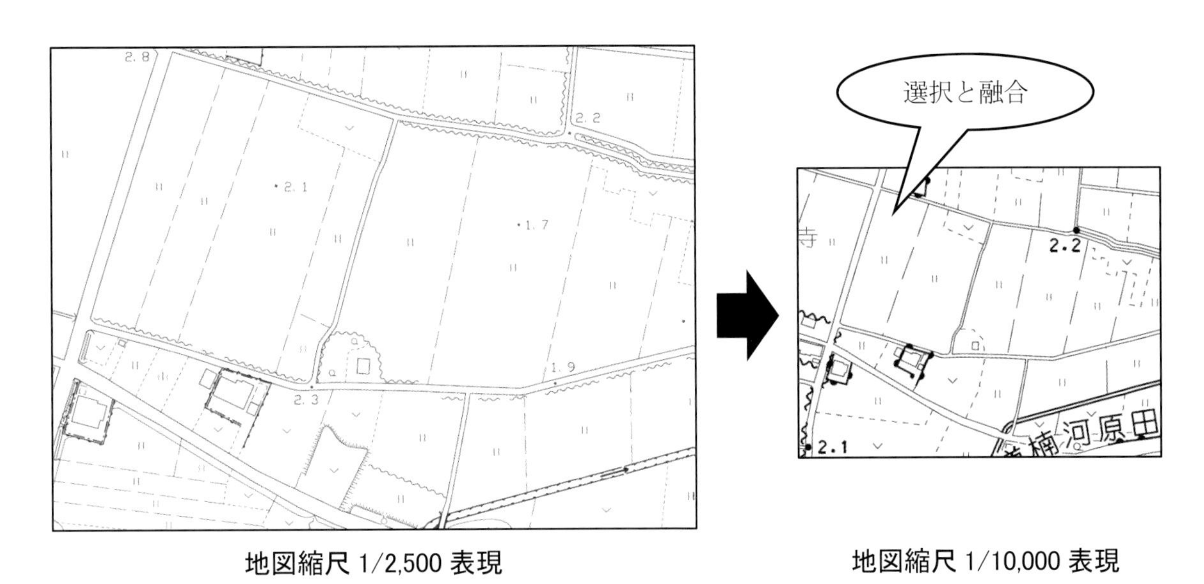

地図縮尺 1/2,500 表現　　　地図縮尺 1/10,000 表現

三重県市町総合事務組合管理者提供（承認番号　三総合地　第 67 号）

図 43　耕地における選択と融合

(10) 等高線等

等高線は、計曲線が 50m ごと、主曲線が 10m ごとに表記する。地図情報レベル 2500 の数値地形図データより、10m の倍数の等高線を選択し、その内、50m の倍数を計曲線、それ以外を主曲線に分類し直す。また、凹地については、凹地の計曲線や主曲線に分類する。なお、分類コードの付与については、標高値による自動付与が可能である。

補助曲線については、地図縮尺 1/10,000 においては、あまり用いられることはないが、必要に応じて 5m の倍数の補助曲線を採用する。この場合、地図情報レベル 2500 からの地図編集であれば、地図情報レベル 2500 での上下の等高線から内挿する。

地図情報レベル 10000 において地図情報レベル 2500 の等高線をそのまま採用すると、節点（ノード、頂点とも呼ばれる）の間隔が短いため、場合によってはコンピュータに大きな負荷がかかり、扱いにくくなることがある。そのため、必要に応じて地図縮尺 1/10,000 の形状を確保できる閾値にて節点の間引きや平滑化といった処理を行う。

等高線に地物が重なった場合には、間断区分を非表示に設定することが原則である。そのため等高線に重なる地物が削除された場合は、その箇所の間断区分を表示設定にする必要がある（図 44）。

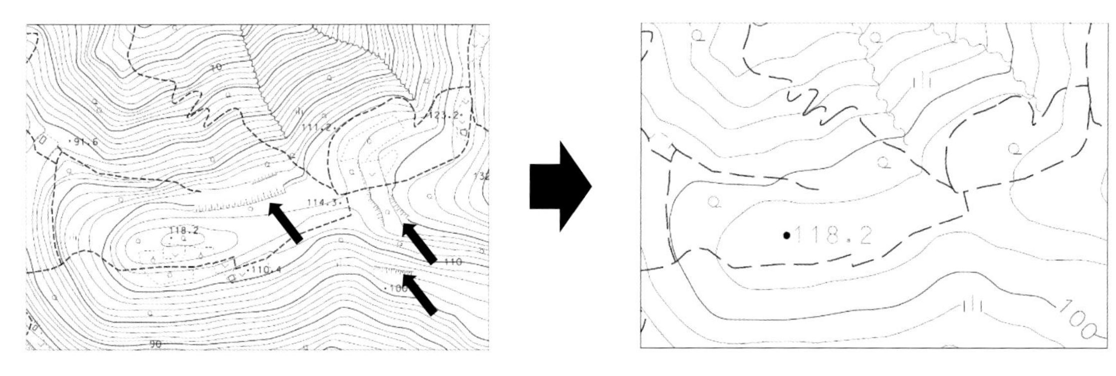

地図縮尺 1/2,500 表現　　　　地図縮尺 1/10,000 表現

三重県市町総合事務組合管理者提供（承認番号　三総合地　第 67 号）

図 44　等高線の間断区分の表示設定

(11) 変形地等

土がけ・岩がけは、地図縮尺 1/10,000 では基準に満たない微小な土がけ・岩がけを目視かプログラムにより抽出し、省略することが標準的である。それに伴い、土がけ・岩がけの省略に伴って間断処理を行った等高線の間断区分も変更しなければならない。また、土がけ・岩がけが密集している場合は適宜集約する。

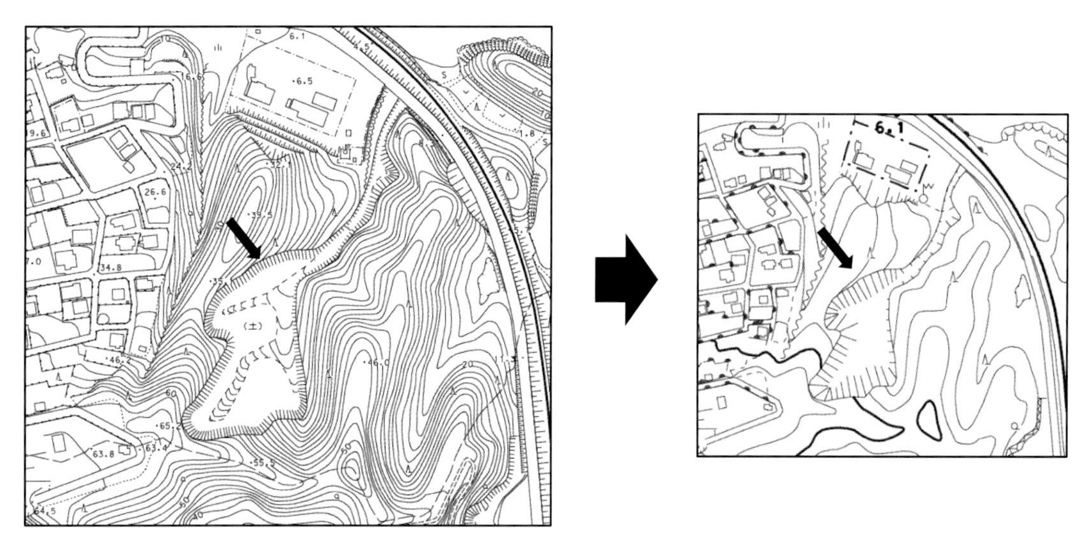

地図縮尺 1/2,500 表現　　　　地図縮尺 1/10,000 表現

三重県市町総合事務組合管理者提供（承認番号　三総合地　第 67 号）

図 45　土がけの集約

土がけ・岩がけのデータ構造は、上端線（図形区分 11）と下端線（図形区分 12）から構成され、下端線において間断区分を非表示とする部分（上端から下端への傾斜を表す線が所定の基準より短い）は、縮小編集に伴って変化するため、間断区分の表示／非表示を設定する範囲を見直す必要がある。

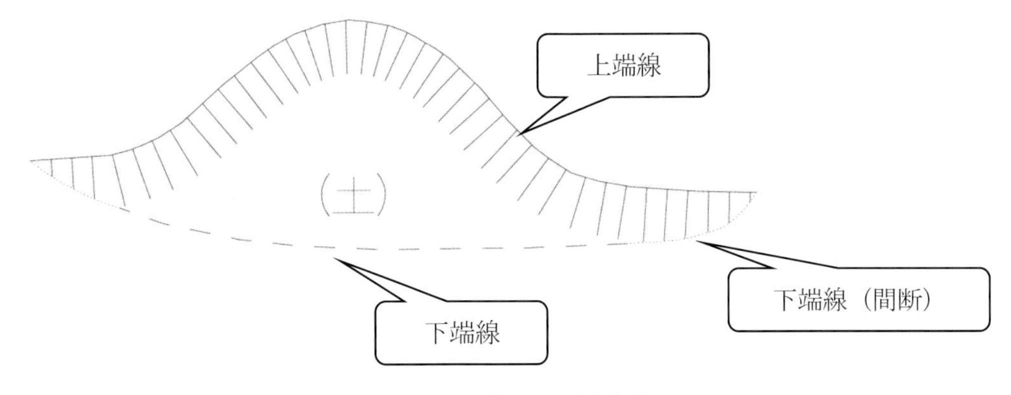

図 46　土がけの取得方法

(12) 注記等

注記は、縮小編集方法としては3つに分類される。ひとつは、建物注記のようなある地点に固定された地物の固有名称を示す0次元の注記である。ふたつ目は、道路注記のような線状地物の固有名称を示す1次元の注記である。3つ目は行政名や学校名のような特定の範囲を表す2次元の注記である。これらの注記は、次元が大きいほど重要度が増すため、次元の大きいものから編集するのが原則である。その際、2次元の注記が、略称や記号に変更になることもある。

0次元の注記は、地形・地物のみでは位置特定が難しいところを補う好目標の観点で採用する。つまり、多くの人が知っていて長期間に渡って存在する駅や公共施設は、重要度の高い注記として採用される。ただし、好目標が密集する場合は、注記の背景となる地形・地物を隠蔽してしまう度合いを踏まえるとともに、記号への変更も含めて表現内容が決定される。

1次元の注記は、該当する線状物の目立つところに配置し、図郭の端に僅かに入っているようなものは特例として不採用が許されるが、全てに注記するのが原則である。河川や鉄道は、そのもの自体が表現方法によって他の地形・地物と区分されているので、背景の地形・地物への影響が少ないところや中央付近が主な注記対象となるが、その道にしか分離帯がなかったり、並木がなかったり、明らかに道路幅が他の道路と違って容易に区別できたりするのであれば、鉄道と同じ考え方で注記できる。他の道路と区別しづらかったりする場合は、経路に沿って複数個を注記する場合もある。

2次元の注記には、行政名のような政策的に決められた範囲を表すもの、山の名称などのように漠然と捉えられている範囲を表すもの、学校や工場あるいは湖池などのような広い敷地などを占有する施設などを表すもの、等高線数値のような地形の標高を具体的に読めるようにするものがある。これらの内、政策的に決められた範囲は、地図縮尺に応じて読図できる適切な分類が決められている。漠然と捉えられている範囲は、面積などで採否が決定される。施設敷地の範囲などを表すものは、注記が背景となる地形・地物を隠蔽する度合いが増えるとともに、記号への変更も含めて表現内容が決定される。地形の標高を表す注記は、地形・地物の固有名称を表す注記の配置とは別に、図郭全体を等密度になるよう配置することを規定している。

地図編集では、注記は地形・地物の取り扱いとは異なり、注記に関する資料収集が不要なこと以外は、新規に数値地形図データを作成するのと同様に、全ての注記の採否や配置、字大、字隔などを検討していかなければならない。

以下に、地図情報レベル2500の数値地形図データ（基図データ）を使用した地図情報レベル10000の数値地形図データの注記編集方法について記載する。

等高線及び基準点等の数値は、全体で図上10cm×10cmに10点以上を表示する。このとき、三角点や水準点、多角点といった基準点は全て採用し、その間を埋めるようにその他の標高注記を配置する。

行政区画・居住地名等の広さを持つ地物の注記は、基図データでは各図郭に最低ひとつずつ注記が存在するため、地図縮尺1/10,000の図面において、それらの注記をひとつに併合し、かつ中央付近に再配置する。

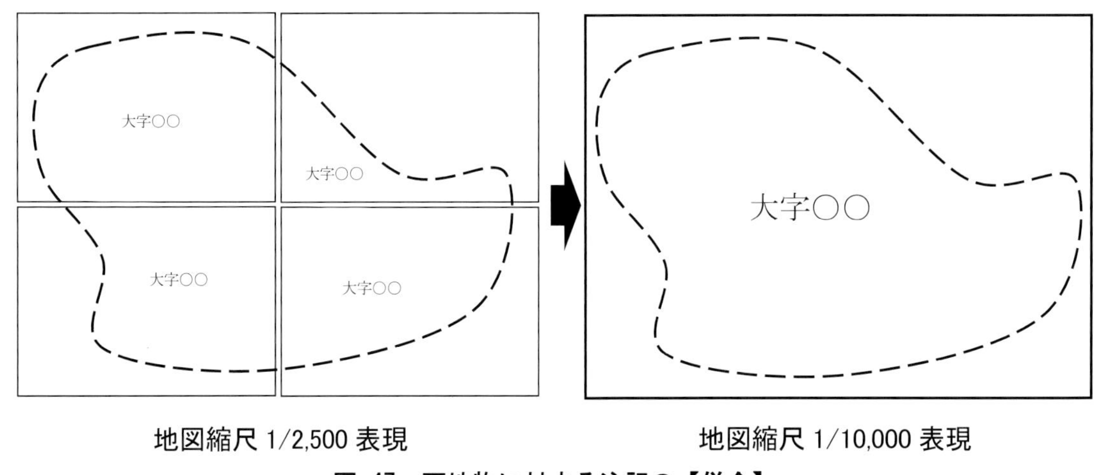

図 47　面地物に対する注記の【併合】

道路・鉄道・河川等の線状地物の名称も、基図データでは各図郭に最低ひとつずつ注記が存在するため、地図縮尺1/10,000においては、1/10,000図郭内での線状地物の景況に応じ、路線が把握しやすくかつ読図しやすい位置に配置する必要がある。

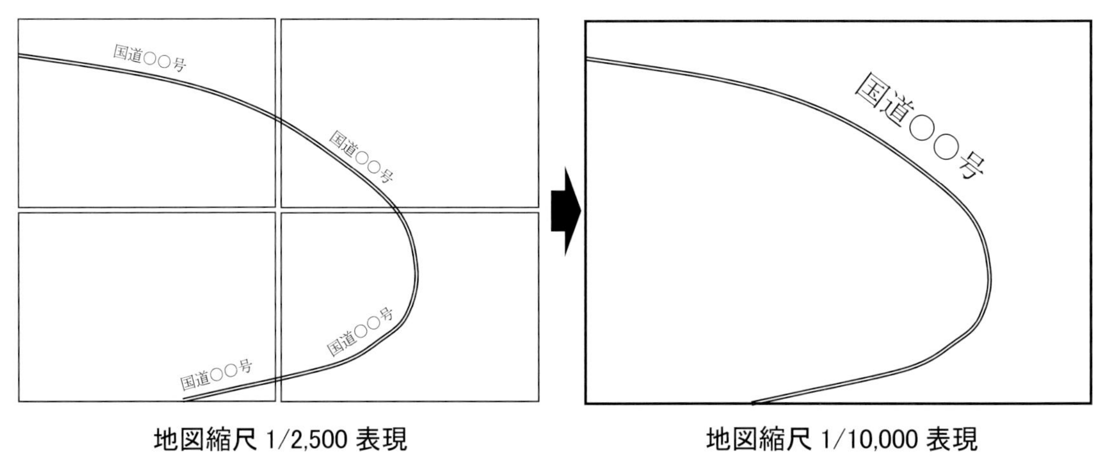

図 48　線状地物に対する注記の【併合】

図 49 や図 50 は、基図データでは注記で表現してあるものを、略称表現や記号表現に変更した事例である。同じ注記でも、地図縮尺が小さくなれば、例えば注記の字大や字隔を小さくしても、注記として読める最低限の大きさが求められるため、注記が地形・地物を隠蔽する範囲は相対的に広くなる。また、地図縮尺が小さくなれば、地図に求められる要求は、より広い範囲を概観できることになり、詳細な注記表現への要求は少なくなる。したがって、記号に変更したり、場合によっては削除したりする。

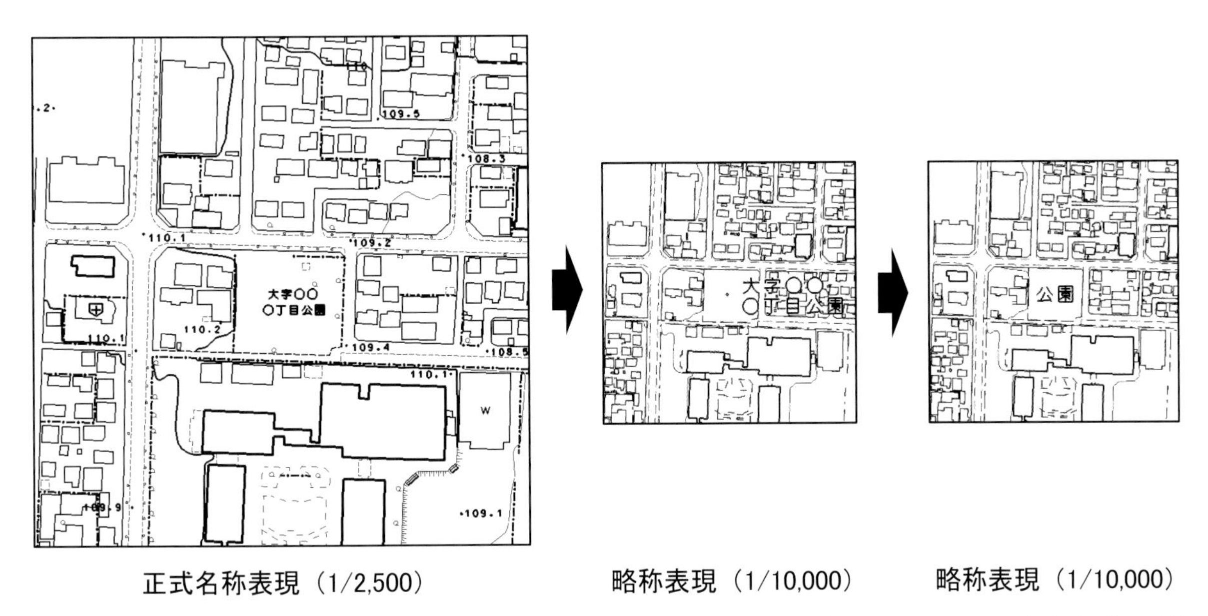

三重県市町総合事務組合管理者提供（承認番号 三総合地 第 67 号）

図 49　注記の略称名への変更

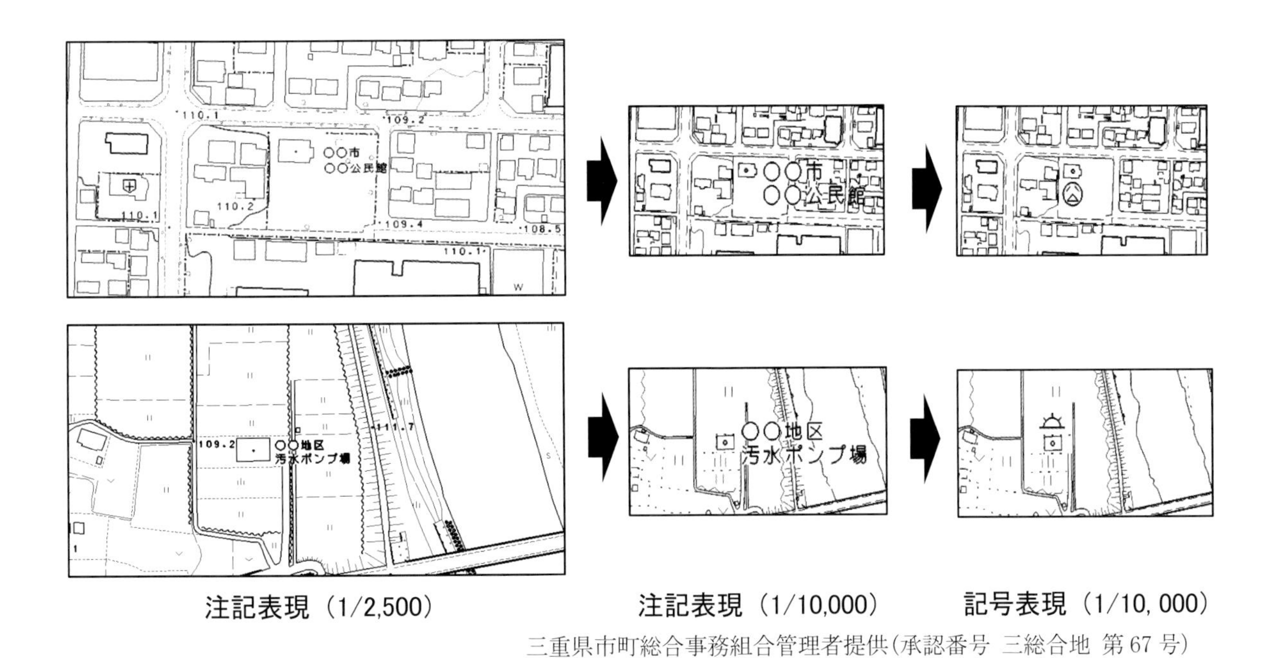

三重県市町総合事務組合管理者提供（承認番号 三総合地 第 67 号）

図 50　注記から記号への変更

索　　引

編者・規定者・執筆者一覧

編者・執筆者
　津留　宏介（公益財団法人日本測量協会）
　水野　誠司（中日本航空株式会社）

規定者・執筆者（五十音順）
　荒木　慶喜（アジア航測株式会社、株式会社アドテックより出向）
　礒部　浩平（株式会社パスコ）
　小野　　隆（朝日航洋株式会社）
　鈴木　敬子（株式会社東京地図研究社）
　中西　芳彦（国際航業株式会社）
　生巣　国久（公益財団法人日本測量協会）
　若林　稔幸（株式会社パスコ）
（五十音順）

表紙 題字　高橋　卓也（書道家）

【謝辞】

本書の執筆にあたっては、三重県市町総合事務組合管理者の承認を得て（承認番号 三総合地 第67号）、同組合発行の「2011 三重県共有デジタル地図（数値地形図 2500（道路縁 1000）、数値地形図 10000）」の一部をご提供いただいた。ここに記して、感謝の意を表す。

中表紙に使用した写真は、【地図情報レベル 10000 数値地形図図式　2017 年】はライカジオシステムズ株式会社、【地図と編集】は株式会社東京地図研究社からご提供いただいたものである。ここに記して、感謝の意を表す。なお、株式会社東京地図研究社からいただいた写真の1枚（製図技術者）は、同社が 2002 年にまとめられた社史「東京地図研究社 40 年史. 東京地図研究社 40 年史編集委員会 編」からの引用である。

地図情報レベル10000
数値地形図図式　2017年

2018年　4月13日　初版　©

定　価　　（本体2,500円+税）

発　行　　公益社団法人　日本測量協会
〒113-0001
東京都文京区白山　1-33-18　白山NTビル4階
電話　03（5684）3354
http://www.jsurvey.jp

印刷所　　勝美印刷株式会社

ISBN　978-4-88941-106-5